高尾山・陣馬山

花ハイキング

写真・文　いだ　よう

ぶる舎

はじめに

高尾山は標高五九九メートル、国定公園に指定された面積は七七〇ヘクタールとごく小さな山だが、その中で一三二〇種もの高等植物が確認されている。それだけ自然の密度が濃いわけで、植物個々の数は少ない代わりに、狭い範囲に多くの花を見ることができて、さながら天然の植物園といった趣がある。

そんな高尾山であるから、昔から多くの研究者がこの山で学習し、研究し、新しい発見をした。従って、タカオ××というように高尾の名を冠した植物も多数を数える。当然、野草の愛好家にとっても、魅力あふれる山である訳で、花を目当てに通う登山客も多い。

本書はそんな高尾山に咲く花の魅力を、花を愛するカメラマンの目で捕らえたものである。高尾山で比較的良く見られる花を中心にして選び、それに個人的な好みを加えて構成した。後半では、高尾山に縦横に張り巡らされた登山道の中から、主だったものを選んで、簡単なルートガイドと、そのルートでよく見られる花の解説をした。その解説については、難しい専門的な記述をできるだけ避けて、判りやすさを心がけたが、植物の専門家ではないので、正確さに欠ける部分もあるかも知れない。ご容赦願いたい。

　これまでたくさん出ている高尾山の本は、植物や動物、あるいは環境に関する専門的なものか、登山ガイド的なものが多くて、気楽に楽しめる本が少なかったように思う。花好きな一般の方々が、本書を片手に花を愛でながらハイキングしていただけたら何よりうれしい。

「高尾山で見た花の名前を知りたい」といった方や、「高尾山に花を見に行きたいけれど、どこへ行けばいいかな」と迷っている方などには、きっと参考にしていただけるものと思う。そして、もっと深く知りたくなったら、それぞれ専門的な本を手にしてくだされば何よりである。

　なお、それぞれの花に花期を記したが、これはその花を見られる可能性のある期間を記したもので、当然「花の旬」はもっと短いものであり、その年によって変動も大きい。ご理解願いたい。

　巻末には問い合わせ先の一覧を附した。高尾山の自然に関する質問は、高尾自然科学博物館や高尾ビジターセンターに問い合わせれば、親切に教えてくれる。また、バスを利用する場合は本数が少ないので事前に確認していただきたいと思う。

高尾山・陣馬山　花ハイキング　もくじ

高尾・陣馬　四季に咲く花

道端に咲く

　まだ春とは名ばかりの寒い朝、山麓ではあたり一面に霜がびっしりと覆う。そんな霜の下で凍えている花たちがいる。いつもひとくくりに雑草と呼ばれてしまう花たちなのであるが、よく見れば意外にも可憐な表情をしている。冬枯れの地面に明かりを灯したように咲いていて健気である。

　まず、地面に低く低く群れ咲いているのはオオイヌノフグリだ。日を浴びて霜が解けるのを待ちかねたように、一cmに満たない小さな青い花をたくさん開く。つぶらな青い瞳を見開いたような、とても愛らしい花である。英語ではバーズアイとかキャッツアイと呼ばれていて、和名よりはるかにこの花にふさわしい名前が付けられている。

　オオイヌノフグリと争うように咲いているのはヒメオドリコソウだ。オオイヌノフグリは天気に応じて花を開閉するが、ヒメオドリコソウは花を開きっぱなしである。紅紫色の花に霜がびっしりついて、実に寒そうにしている。その花をよく見れば、小さいのに結構複雑な形をしているが、なかなかどうして可愛らしい。そして、霜に当たっても踏まれても、決してへこたれない

オオイヌノフグリ

強さを持っている。

　これらの花より少し遅れて咲くのがホトケノザである。鶴が首を長く伸ばしたような形の、紅紫色の鮮やかな花を輪生して美しい。花店で春の七草の鉢植えを売るが、その中に入れられているのを時折見る。しかし、他の七草は食用になるのに、これは食用にならない。どうやら春の七草のホトケノザは本種のことではなく、コオニタビラコという黄色の花が咲く植物のことらしい。

ヒメオドリコソウ

　これらのいわば道端の花たちは、特別に注目されることも無く、さして愛されることも無い花たちだが、早春の彩りに欠かせない大事な花たちである。彼らに出会うことによって季節の移り変わりを実感し、ようやく訪れた春への期待が膨らんでいく。

● **オオイヌノフグリ**　ゴマノハグサ科　二月〜五月

● **ヒメオドリコソウ**　シソ科　二月〜五月

● **ホトケノザ**　シソ科　三月〜六月

ホトケノザ

白い天使たち

　道端の花たちが春の訪れを告げるとまもなく、山麓の森でも白い可憐な花が咲き始める。春先のほんのひと時だけ葉を広げ、そして花を咲かせる。やがて、暖かくなり木々が葉を広げ、林床への光が弱くなるとすっかり地上から姿を消してしまう。そんなはかない花たちである。

　アズマイチゲはその中でも早くから姿をあらわす。「東一花」の名が付いたのは、関東など東の地域に多く、一本の茎に一個の花を咲かせるところからという。丸みのある柔らかな葉の上に、純白の花を咲かせたその姿は実にたおやかと言うべきで、穏やかな春の日差しを浴びて白く透き通った様は清楚そのものである。

アズマイチゲ

　キクザキイチゲはアズマイチゲに良く似ている。葉の形がちょっと違っていて、その名が表すようにキクに似た細かい切れ込みがある。その他はとてもよく似ている。ただ、高尾のキクザキイチゲは、アズマイチゲに比べて花びらの数が少ないようである。また、他の地域では淡紫色の花も見

キクザキイチゲ

られるが、高尾では白ばかりである。

イチリンソウ

これらの後に続いて咲くのはイチリンソウやニリンソウである。イチリンソウは「一輪草」で、その名の通りに一本の茎に一個の花を咲かせるところからきている。白い大きな花を咲かせる姿は端正な美しさがある。花びらの数が五枚程度と少ないためか、アズマイチゲなどとは印象が随分と違う。

ニリンソウはやはり「二輪草」だが、こちらは必ず二輪とは限らない。一輪のものや三輪のものもある。花はイチリンソウなどより小ぶりでよりいっそう可愛らしい。川岸などの湿ったところに群生し、こんもりした暗緑色の葉の集まりから、真っ白な花が何本も伸びている様子には、なにやら気品めいたものも感じられる。そして、しばしば大群落を作るその姿は見事である。

ニリンソウ

- **アズマイチゲ**　キンポウゲ科　三月～四月
- **キクザキイチゲ**　キンポウゲ科　三月～四月
- **イチリンソウ**　キンポウゲ科　四月～五月
- **ニリンソウ**　キンポウゲ科　三月～四月

スミレの宝庫

高尾山は山の規模の割に植物の種類の多いことで知られているが、やはりスミレもたくさんあって、今まで二五種が見つかっているという。そのうち比較的普通に見られるのは一五種ほどらしい。

一口にスミレと言うが、それぞれ生える場所も違えば、花の咲く時期も違う。その中でいつでもどこでも見られるのがタチツボスミレと言ってよいだろう。いつでもと言ってもスミレは春の花。三月から五月くらいの間が時季な訳だが、時折冬の陽だまりでタチツボスミレが狂い咲きしているのを見かけることがある。この様に簡単に見ることができるのであまり珍重されないスミレだが、花や葉の整った姿や、花色の美しさ、群落の見事さなど際立つ個性を持つ良い花だと思う。

タチツボスミレ

さて、高尾で最も早く咲くスミレはアオイスミレだろうか。三月に入るとまもなく、山麓の沢沿いや遊歩道脇などで見かけるようになる。淡い青紫色の花を低く遠慮がちに咲かせる。花弁もあまり開か

アオイスミレ

ず、なにやら寒さに首をすくめているようにも見える。

　コスミレも早い。アオイスミレより明るいところを好むようで、日の良く入る林の中などで見かけることが多い。その名に似あわず割と大きめの花で、淡紫色の花弁も美しい見栄えの良いスミレである。

　ヒナスミレは山中のやや湿り気の多い所にひっそりと咲く。透明感のある淡紅色の花

コスミレ

ヒナスミレ

色が楚々とした印象を与え、葉の形も美しく、全体に低く小ぶりな姿が愛らしい。三月中から咲き出すこともあって、雛スミレの名にふさわしい可憐なスミレだ。

　エイザンスミレはよく目立つスミレ。大きな花と深く切れ込んだ葉を持ち、他のスミレと区別しやすい。花は白から紅紫色のものまで変化が多く、花弁が波打つものもある。


以前一丁平近くで見つけたエイザンスミレは、綺麗に波打った大きな紅紫色の花を咲かせ、全体に整ったまとまりの良い姿をしていて、その美しさに思わずため息が漏れた。スミレの女王とはサクラスミレのことを指すと聞いていた

エイザンスミレ

が、高尾の女王はエイザンスミレかとそのとき思った。

高尾山のスミレで忘れてならないのが、タカオスミレ。高尾で発見命名されたスミレである。白い花弁に濃い紅紫色の筋が入ってなかなかに美しい。だがこのスミレを最も特徴づけているのは、こげ茶色をした葉である。この葉のおかげで他のスミレとすぐに区別がつくし、一度見たら後はすぐに見つかるようになる。ちなみに基本種のヒカゲスミレは葉が普通の緑色のほかは変るところが無い。

タカオスミレ

ヒカゲスミレ

この他、細長い葉と淡い花色が特徴的なナガバノスミレサイシンや、鮮やかな花色が美しいアケボノスミレとアカネスミレ、ごく限られた乾燥した尾根道でしか見られないマキノスミレなど、高尾山でのスミレの思い出は語り尽くせない。

マキノスミレ

- **タチツボスミレ**　スミレ科　三月〜五月
- **アオイスミレ**　スミレ科　三月〜四月
- **コスミレ**　スミレ科　三月〜四月
- **ヒナスミレ**　スミレ科　三月〜四月
- **エイザンスミレ**　スミレ科　四月〜五月
- **タカオスミレ**　スミレ科　四月
- **ヒカゲスミレ**　スミレ科　四月
- **マキノスミレ**　スミレ科　三月〜四月

春の彩り

山麓のあちこちから春の便りが届けられ始めると、春はどんどん加速して山を駆け上り、高尾山は春の彩りに包まれてゆく。

山麓で春のクライマックスを飾るのはカタクリの花である。カタクリは早春に芽吹いてから一気に開花を迎え、咲き終わると瞬く間に地上から姿を消してしまう。その儚さ、潔さは可憐な姿と相まって、人々の心を捉えて離さない。その花は日差しによって開き、日が陰ると閉じてしまう。従って曇りや雨の日は、硬く蕾のままである。花が開くとその長い花びらは反り返り、おしべめしべを突き出す。花の色は明るい紅紫色で、W字形の紋が良いアクセントになっている。そして、うつむき加減に咲く姿には趣があり、佳麗である。春の野草の中でもその美しさは出色であろう。カタクリは高尾山本山では見られず、南高尾の梅ノ木平に自生地がある。

カタクリ

カタクリが華やかに咲き誇っている頃、山中ではヤブレガサが開き始めている。ヤブレガサの花は夏に見られるが、花よりも春先の芽吹きの姿が良い。その名の表す通り、ぼ

ヤブレガサ

ろぼろに破れた傘を開きかけているような姿は愛嬌があり楽しい。

ヤブレガサによく似たものにモミジガサがある。葉の形がもみじに似ていることからこの名がある。こちらは、芽吹きの頃には山菜として親しまれている。花はやはり夏にヤブレガサとよく似た花を咲かせる。

モミジガサ

ヤブレガサから少し遅れて、日当たりのよいところにはヒトリシズカが顔を出す。一〇cmほどの茎の先に、四枚の葉に包まれて白い花をつける。可憐でもありユーモラスでもある姿に、思わず可愛いとの声があがる。この名でありながら一本だけ出ていることはまずなく、必ず数本がかたまって出ている。シズカとは静御前に因んだものという。

ヒトリシズカ

同じく日当たりのよい草地ではフデリンドウが咲く。地面から直接花が突き出たような姿がなんとも愛らしい。背が低いので、蕾のときなど気が付かずに踏んでしまいそうである。やはり日が当たると咲き、日が陰るとすぐ閉じてしまう。蕾の様子が筆の穂先のように見えることから名付けられたらしい。

イカリソウはその姿が独特である。花の形が本当に船の

ヒトリシズカ（緑品）

碇にそっくりで、名前だけ知っている人が始めてこの花を見ても、すぐにこれがイカリソウだと解る姿である。葉の形も独特で三枝九葉草の別名もある。花色は淡い紅紫色が普通だが、色の濃いものや白いものなど、株による違いが大きい。林の下によく群落をつくっていて、桜の頃から咲き始め五月中旬過ぎまで次々に咲きつづける息の長い花である。

フデリンドウ

イカリソウの花が盛りを迎える頃、同じく林の下ではチゴユリが咲き始める。低く細い茎の先に一～二個の花を垂らす。葉も薄く柔らかい感じで、稚児ユリの名にふさわしい可愛らしい雰囲気を持っている。

- **カタクリ**　ユリ科　三月～四月
- **ヤブレガサ**　キク科　四月（花七月～一〇月）

イカリソウ

- **モミジガサ**　キク科　四月（花八月～一〇月）
- **ヒトリシズカ**　センリョウ科　四月～五月
- **フデリンドウ**　リンドウ科　四月～五月
- **イカリソウ**　メギ科　四月～五月
- **チゴユリ**　ユリ科　四月～五月

チゴユリ

水辺にて

森の豊かな高尾山は湧き水も豊かで、山中をいく筋かの沢が流れている。それらの沢を集めて、北に小仏川、南に案内川が流れる。その水は清らかで、所々で規模は小さいながら渓谷美とも言える景観を見せる。

ハナネコノメ

そんな水辺にも様々な野草の姿が見える。春早いのはネコノメソウの仲間たち。湿った岩の上や流れのすぐ脇でよく群落を作っている。その中で最も目立つのはハナネコノメである。仲間の中では最も花らしい花を咲かせる。そこで名前も「花猫の目」となった。五㎝ほどの茎の先に五㎜ほどの白い小さな花を咲かせる。そのおしべの葯は真っ赤で、それが良いチャーム・ポイントになっている。

ネコノメソウは全体に明るい緑で、その中央付近が黄色くなっており、そこからより一層黄色い葯がのぞいている。

ネコノメソウ

つまりそこが花である。その花の様子を猫の目に見立てたのかと思っていたら、果実が割れて種子が覗く様子が猫の目なのだという。

ヨゴレネコノメ

ユリワサビ

ヨゴレネコノメは、葉の色が暗い緑色から褐色を帯びた色で、その表面に白っぽい斑紋が入る。その様子は確かにちょっと汚れたようにも見えてしまう。ただ、その色の加減や株の状態によっては洒落た感じにも見える。

　ネコノメソウ達の近くでよく見かけるのはユリワサビ。ワサビをぐっと小型にしたような姿で、実際辛みや香りもある。五㎜ほどのごく小さな花は白く十字型に咲いて、とても愛らしい。

　花の形がユニークなのはコチャルメルソウである。言葉ではうまく説明し難いので写

コチャルメルソウ

真を良く見て頂きたいのだが、まるで雪の結晶のような、幾何学的ななんともデリケートな構造をしている。まだ肌寒い早春の川べりで見るこの花の姿は微笑ましく、妙に愛着が湧いてくる。実の形もユニークで、屋台のラーメンでおなじみのあのチャルメラのような形をしている。それでこの名が付いたという。

梅雨の頃、岩の上を白く飾るのはユキノシタ。高さ二〇～五〇㎝ほどの茎に、人の字型の花をたくさんつけたその姿はまことに優美である。葉の形や色も美しいので、家の庭などにもよく植えられている。その葉は冬にも残り、雪の下になっても枯れないためユキノシタの名が付いたという。古い時代に中国から帰化したものらしいが、日本の風景に実に似合っている。

ユキノシタ

秋になって水辺でよく見られるのはミゾソバであろう。溝に生え蕎麦に似ているのでこの名がある。また葉の形からウシノヒタイの別名もある。枝先に咲かせる小さな花は白地に紅色の縁取りがあって可愛い。全体に大型で花色の濃いオオミゾソバもある。

ミゾソバ

ミゾソバと競うように群生しているのは、ツリフネソウである。船を吊り下げたような姿が楽しく、後ろに突き出た距はくるりと巻いて可愛いい。花色は紅紫色でごく稀に白もある。なお黄色の花はキツリフネである。こちらの距は巻かないで下がっている。

●**ハナネコノメ**　ユキノシタ科　三月～四月

●**ネコノメソウ**　ユキノシタ科　三月～四月

●**ヨゴレネコノメ**　ユキノシタ科　三月～四月

●**ユリワサビ**　アブラナ科　三月～五月

●**コチャルメルソウ**　ユキノシタ科　三月～四月

●**ユキノシタ**　ユキノシタ科　五月～六月

●**ミゾソバ**　タデ科　八月～一〇月

●**オオミゾソバ**　タデ科　八月～一〇月

●**ツリフネソウ**　ツリフネソウ科　八月～一〇月

●**キツリフネ**　ツリフネソウ科　六月～九月

オオミゾソバ

ツリフネソウ

キツリフネ

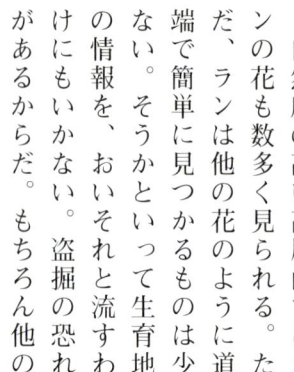

ランの花

自然度の高い高尾山ではランの花も数多く見られる。ただ、ランは他の花のように道端で簡単に見つかるものは少ない。そうかといって生育地の情報を、おいそれと流すわけにもいかない。盗掘の恐れがあるからだ。もちろん他の花だって盗られる心配はあるが、ランの場合はマニアが多い分、特にその危険が大きい。自然の物には手を出さない、野山の花はその場で鑑賞する、というあたりまえの事がきちんと守られればこんな心配をしなくて済むのだが、困ったことである。

シュンラン

　まだ木の芽も芽吹かない早春の雑木林で、落ち葉をかきわけ顔を覗かせているのは、シュンランである。細長いざらついた葉の間から、黄緑色の花を咲かせている。花の中を覗くと紅紫色の斑点が見える。ホクロという別名の所以か。地味な花だが、愛嬌のある姿が可愛いい。

カヤラン

　カヤランも春が早い。他の樹木の幹や枝に着生するランで、花が無いときに見るとシダやコケのようにも見えてしまうが、花が咲けばなるほどランである。明るく鮮やかな黄色の花は、小さいながらもランであることを堂々と主張している。

　エビネは最もよく知られたランのひとつであろう。花の形や全体の姿など、品のある実に美しい花である。本来、高尾山のような低山の林下にはごく普通に見られるはずのものだが、人目につく所にはまず見られない。たまに登山道脇で見かけても、次の機会にはまず盗られて無くなって

エビネ

キンラン

いる。どうにかならないものだろうか。
　キンラン、ギンランも同様に減っている。ギンランやササバギンランなどは、実際ごく稀にしか見られなくなってしまった。
　その点セッコクは、咲く場所が大杉の枝の上という場所だけに、そう簡単には盗られないようだ。それでも何とか手に入れようと、努力？する輩がいるというから恐れ入る。杉の高い梢に着生し群れ咲いている様子は、深山に人知れず咲く秘めた花、といった風情があってたまらない。そこが駅から数十分のところとはとても思えない。
　セッコクの花が終わる頃咲き出すのがキバナノショウキラン。葉がなく全体に黄褐色をしているため、パッと見には植物というよりはキノコか

ギンラン

セッコク

なにかのように見える。菌類から養分を得て、自らは光合成をしないので、この様な姿をしているらしい。だが、この花が面白いのは神出鬼没なところにある。去年あそこにあったから今年もそこに見に行こう、というわけにはいかないのだ。今年はこの辺に出るかなとハンティング気分で探す、でもめったに見つからない、それが面白い。

この他にも高尾山ではたくさんの様々なランが見られる。ランは他の植物とは一味も二味も違った個性が感じられて楽しい。そしてランはどの種類も株の数が少ないので、見つけたときの喜びがより一層大きい。

- **シュンラン**　ラン科　三月～四月
- **カヤラン**　ラン科　三月～四月

キバナノショウキラン

- **エビネ**　ラン科　四月～五月
- **キンラン**　ラン科　四月～六月
- **ギンラン**　ラン科　五月～六月
- **ササバギンラン**　ラン科　五月～六月
- **セッコク**　ラン科　五月～六月
- **キバナノショウキラン**　ラン科　六月～七月

炎天に輝いて

高尾山は夏の避暑には向かない。標高が低いために、山中でもあまり気温が下がらないからだ。尾根道などでは強い日差しと草いきれでむんむんしている。だが、そんなところでもたくさんの花たちが健気に咲いている。

ニガナはどこでもごく普通に見られる花。あまりに普通に見られるので、たいして気にもされないが、よく見れば結構綺麗だ。それに夏の山道に、ニガナの黄色い花が無かったら寂しに違いない。初夏から盛夏にかけて明るい黄色の花が、鮮やかに輝いている。

ニガナ

尾根沿いなどに大きな群落を作っているのはオカトラノオである。高さ一mほどにもなる茎の先に、白い小花をたくさん咲かせる。その花の様子が虎の尾のようだというのでこの名が付いている。虎かどうかはともかく確かに尻尾のように見える。下から先まで順番に咲いていくのでかなり花期が長い。

オカトラノオ

この時季山中でひと

ヤマユリ

きわ目立っているのがヤマユリ。直径二〇cmにもなる大輪の花が咲く。純白の花びらに淡い黄色の筋が引かれ、紅色の斑点が散らばる。その中央から伸びたおしべの先には、真っ赤な葯が強いアクセントになっていて、なかなか粋である。香りも強くて、山道を大汗かきつつ登ってきたことも、この甘い香りが一瞬忘れさせてくれる。

オオバギボウシ

同じ頃やはり尾根筋で咲いているのはオオバギボウシだ。これも高さ一m近くに成長する大型の草だが、花は白に近い紫色をしていて品の良い感じがする。春の芽吹きは山菜として珍重される。

イワタバコは梅雨が終わった頃から、炎天の日差しが濃い緑で遮られる、湿った岩の上で咲き始める。星型をした紅紫色の花が、緑を通した柔らかな日差しに映えて美しい。大きな葉は明るい緑色で、タバコの葉に似ているのでこの名が付いている。

イワタバコ

ウバユリも木陰に咲く。真っ直ぐに伸びた茎の上部に、数個の花を四方に向けて咲かせている。花の時期に葉が無いことが多いために、歯が無いに引っ掛け姥百合というそうだが、花そのものもくたびれたテッポウユリの様だし、シミの様な茶色の模様があったりして、失礼ながら老婆という雰囲気はある。

　夏の盛りの真っ只中に、いかにも夏らしい鮮やかな色で輝くのはキツネノカミソリである。ヒガンバナの仲間でヒガンバナ同様に、花の時期には葉が消えている。その名が表すようになかなかシャープな感じの花で、そのため好き嫌いが分かれる花である。

　コオニユリも鮮やかな橙色をしている。ヤマユリより小型の花で、花びらが反り返っている。そして標高が少し高いところに咲く。この花が咲き出す頃は夏も盛りを過ぎて、時折秋風が感じられるようになる。蝶たちも、己の季節の終わりが近いことを悟っているのか、何かに急かされるようにしてこの花に群がっている。その周りでも気の早い秋の花が咲き始め、季節の交代を促している。

●**ニガナ**　キク科　五月〜七月

●**オカトラノオ**　サクラソウ科　六月〜七月

●**ヤマユリ**　ユリ科　七月〜八月

●**オオバギボウシ**　ユリ科　七月〜八月

●**イワタバコ**　イワタバコ科　七月〜八月

●**ウバユリ**　キク科　七月〜八月

●**キツネノカミソリ**　ヒガンバナ科　七月〜八月

●**コオニユリ**　ユリ科　八月〜九月

ウバユリ

キツネノカミソリ

コオニユリ

珍しい花たち

　高尾山は山の大きさの割には植物の種類が多く、高尾山で発見命名された植物がいくつもある。ここではそんな花も含めて、高尾山で見られる珍しい花を集めてみた。中には他ではさほど珍しくないのに、高尾山ではめったに見られない花もある。

キバナノアマナ

　早春の山麓のごく限られたところでしか見られないのはキバナノアマナである。枯草の目立つ野原のようなところで、鮮やかな黄色の花が輝いている。その色のおかげで、花が開いていればそれなりに目立つのだが、春の野原には似たような草が結構生えていて、蕾のときなど案外わかりにくい。しかしよく観察すると、独特な趣のある姿をしている。肉厚だが柔らかく細長い一枚の葉が地面から生えて、そのすぐ脇から、二枚の小葉（苞葉という）を持つ一本の花茎が立つという、ただその二つだけのシンプルな構成である。

ヤマシャクヤク

　その花径には数個の花が咲く。

　高尾山にはヤマシャクヤク

もある。この花はよく知られた花で、さほど珍しいというものではないと思うが、白い大輪の花が目立つためか、目に付きやすい所のものはすぐに無くなってしまう。従って

サツキヒナノウスツボ

今は、山中の知る人ぞ知る場所でひっそりと咲いている。あの純白の清楚な花がもっと普通に見られ、その存在を気兼ねなく人に伝えられたらと思うのだが、とてもそれは出来ない。残念である。

　高尾山で発見されたといわれる花の中に、サツキヒナノウスツボというものがある。この長ったらしい不思議な名前は、漢字で書くと「五月雛の臼壺」となるらしい。五月はもちろん咲く時期のことで、臼壺はこの面白い形の花を形容し、雛はその花が小さいことからきているようだ。この様に漢字にして分解してみればなるほどと思えるが、ただ名前を聞いただけではとても覚えられない。またこの花は小さい上に色も地味なので目立たないことこの上なく、生えている場所を知っていてもつい見過ごしてしまうこともある。

　オオヒナノウスツボはオオが付くだけに、全体に大柄である。こちらは、こんなとこ

オオヒナノウスツボ

ろにあるの？と思うほど、人がたくさん集まる場所に生えているが、多くの人はそんなところにこんな面白い花が咲いているとは気が付かないようだ。高さ一ｍ以上ある背の高い植物なのに控えめな存在である。

フナバラソウは、花の色がアズキのような色をしていて地味な印象ではあるが、何かある種の雰囲気を持った花である。ガガイモやタチガシワの仲間で特別珍しい物ではないだろうが、高尾山ではあまり見かけない。この仲間は冬に長い毛を持った種を風で飛ばすので、それもなかなか見ものである。

フナバラソウ

フジレイジンソウはあのトリカブトに似た花をつける。鳥兜は舞楽や能の被り物のことで、伶人は雅楽を奏する人のことを指す。要するにどちらも花の形が鳥帽子に似ていることからついた名のようである。レイジンソウは広い分布の花だが、地域によって変異があって、フジレイジンソウはその一種である。

高尾山を代表する花のひとつと言って良いのがタカオヒゴタイであろう。タカオスミレなどと同様に高尾山で発見され、高尾の名を冠した。ただ面白いことに高尾山で見る

ガガイモ

よりは、他の山、たとえば御岳山あたりのほうが簡単に見られる。このヒゴタイの仲間も地域による変種が多くてその見分けが難しいようだ。おまけにトウヒレンやキクアザミなどのよく似た種類もあって、混乱に輪を掛けている。その辺の見極めは専門家にとっては、わくわくするような楽しみなのだろうが、我々にとっては頭痛の種にもなる。

フジレイジンソウ

高尾山にもセイタカトウヒレンとキクアザミがある。タカオヒゴタイは、下部の葉に湾入があり他のものにはなく、セイタカトウヒレンには茎にはっきりした翼があり他のものにはないなど見分けるポイントは幾つかある。しかし、いつも疑心暗鬼で撮っている有様である。

- **キバナノアマナ**　ユリ科　三月～四月
- **ヤマシャクヤク**　キンポウゲ科　四月～五月
- **サツキヒナノウスツボ**　ゴマノハグサ科　四月～五月
- **オオヒナノウスツボ**　ゴマノハグサ科　八月～九月
- **フナバラソウ**　ガガイモ科　六月
- **フジレイジンソウ**　キンポウゲ科　九月～一〇月
- **タカオヒゴタイ**　キク科　九月～一〇月

タカオヒゴタイ

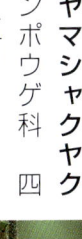

気になる花あれこれ

特に珍しい訳でもなく、高尾山を特徴づけている訳でもないが、妙に気になる花というのがある。

モミジイチゴ

モミジイチゴはいわゆるキイチゴで、早春の森の中で木の葉が芽吹き始めるころに純白の花を開き、爽やかな印象を与えてくれる。道端でごく普通に見られるが、この花のおかげで早春の山歩きの愉しさが増しているのは間違いない。そして夏に入る前に果実が黄色く熟して、二度目の楽しみを与えてくれる。葉が手のひら状に切れ込んでもみじのように見えるのでこの名がある。

コゴメウツギ

コゴメウツギも普通に見られる花だ。山歩きが気持ちのよい春の盛りに、枝先いっぱいに白い細かな花をつけている。直径五㎜にも満たない小さな花は、よく見ると細かな切れ込みがあってなかなか可愛いい。そして小さな丸い蕾がまた可愛いい。この蕾の様子が米粒のようだというので、小米ウツギになったという。細かい切れ込みがある葉も可愛らしい印象を強めている。

　夏になると道端や野原のようなところでピンク色の小さな花が目にとまる。道端のものなどはほこりを被って少々みすぼらしいが、フジの花にも似た美しい花だ。丸い小葉をマメ科らしく羽状に広げて、これも綺麗だ。そして、肉眼で見るよりレンズを通してみたほうが、その印象を強くするフォトジェニックな花である。この花の名はコマツナギ。漢字では「駒繋ぎ」で、馬を繋いでおけるほど強いからだそうだが、美しい花の印象にはそぐわない気がする。

コマツナギ

　ノカンゾウも夏の道端や野原などに咲く。ニッコウキスゲなどの仲間で、花びらがこちらのほうが細い感じはするが、雰囲気が似ている。明るい橙色の花はいかにも夏らしく潔い。これなど、もっとあちこちでたくさん見かけてもよいよう

ノカンゾウ

タムラソウ

な気がするが、案外見かけない。

　タムラソウは多くの人がアザミと騙されていることだろう。パッと見にはとてもよく似ている。花などはアザミとどう違うのかと聞かれても返事に困るほどだ。だが花の下（総苞片）を触ってみると、アザミのように刺が開かないのですぐ判る。そして花柱の先が二つに割れてくるりと反り返る。葉には刺はなく、その質は柔らかく艶がない。これらを覚えておけば見分けがつく。こんな知識をひとつひとつ覚えていくのも楽しいものである。

　クサボタンは園芸植物でおなじみのクレマチス（鉄線）や、つる植物のセンニンソウ（42p）の同属である。しかしこれだけがつるにならず、見

クサボタン

た目にちっとも似ていないので不思議な感じがする。花は淡紫色で花びらの先がくるりと巻いて可愛いいが、同属の花から見ればかなり地味である。葉の形がボタンに似た草なのでこの名がついたらしい。

　フシグロセンノウは奥多摩方面の山では比較的普通に見られるのに、高尾山ではさほど多くない。暗い林の中では朱赤色の花がたいそう目立つ。花が大きく美しいが、割と早くに萎びてきたり黒ずんできたりして、観賞に適する期間はあまり長くないように思う。漢字を充てると「節黒仙翁」で、仙翁

は同属のセンノウが京都嵯峨の仙翁寺にあったことから由来し、節黒は節の所だけ黒ずんでいることからきたとのことだ。

美しいという点ではコシオガマもなかなか美しい。淡紅紫色をした可愛らしい形の花が日当たりのいい草地に群生していると、そのあたりだけが華やかな彩りに包まれる。花だけでなく細かな切れ込みを持つ葉が対生する様子も美しい。そして、可憐な花をつけた細い茎が風に揺らめく様はたおやかで、いとおしい情感が湧き上がってくる。この植物は自分でも光合成をして養分を作るが、他の植物からも養分をもらう半寄生植物だという。このか弱き美しい花は、強きものに頼って生きているもののようである。

フシグロセンノウ

コシオガマ

- **モミジイチゴ**　バラ科　三月～四月　（果実　六月～七月）
- **コゴメウツギ**　バラ科　四月～五月
- **コマツナギ**　マメ科　七月～八月
- **ノカンゾウ**　ユリ科　七月～八月
- **タムラソウ**　キク科　八月～一〇月
- **クサボタン**　キンポウゲ科　八月～九月
- **フシグロセンノウ**　ナデシコ科　八月～九月
- **コシオガマ**　ゴマノハグサ科　九月～一〇月

控えめな個性

ツルカノコソウ

野の花、山の花の中には、美しさを前面に表して人々を魅了する花がある一方で、控えめながらも、しっかりと己の個性を主張している花たちがいる。

ツルカノコソウは谷に沿った湿り気の多い所によく生えている。ひょろりとした茎の先に白い小花を数個集めて咲いており、ほとんど目立たない。しかし、その花の蕾には微かに朱色が入り、ほのかな薄化粧をしているかのようだ。茎は柔らかく、葉などに露を帯びていることも多く、みずみずしさがある。

高さ五〇～九〇cmにもなる

ナルコユリ

ナルコユリは、その大きさの割には一見控えめに見える。細長い葉を左右に開いて頭を下げ、まるでヤマユリの若い苗の様で、花などは咲いていないかのようだ。しかし、下から覗くと二cmほどの長さの花を茎の下にずらりと並べており、始めて見た人は驚きの声をあげる。その花の並んだ様子から鳴子ユリの名がついた。ミヤマナルコユリはこれをぐっと小型にして、ぐっと控えめにした感じだ。ワニグチソウは花の形がユニークである。

ミヤマナルコユリ

ワニグチソウ

　ドクダミは強烈な個性を主張している。放っておけばすぐに増えるし、あの強い香りはそばを通るだけで判るほどのもので、それゆえ嫌われることも多い。また、有用な薬効を持つため、民間薬として重用されてもいる。だがその花は、控えめといってもよい、清楚な美しさを持っている。四枚の純白の総苞片を開き、その中央に淡い黄色のおしべめしべを集めた花穂を立てる。ハート型の整った形の葉と共に、なかなかの美しさだと思う。

　ヤブミョウガは高さ一ｍほどにもなる大型の草で、藪に生えミョウガのような葉を持

ドクダミ

つことからこの名がある。しかし、ショウガ科のミョウガとは全く別の種類で、花の姿も似ても似つかない。真っ直ぐに伸びた茎の上部に輪状に白い小花を何段も咲かせる。その花の表情にはちょっと愛嬌がある。

ヤブミョウガ

　ノブキも葉の形がフキに似ていることからこの名がついているが、フキとは別の種類である。林の下などのやや湿ったところに生える。茎は途中何度か枝分かれして、その先に白い小花を咲かせる。花のあとに出来る実は、粘りついて服などにまとわりつく。名前は知らなくても、この実が服にたくさんついて困った経験をお持ちの方は多いのではないだろうか。

ノブキ

　ヌスビトハギの実は、その先のかぎで服に引っ掛ってくる。登山道脇などに群生し、枝を道に投げ出すように伸ばすので、いやでも服にその実が引っ掛ってしまう。その花は淡紅色で蝶形の可愛いいものだ。秋に山歩きをした時には、これらのいろいろな実の

ヌスビトハギ

カノツメソウ

お土産を、たくさん持ち帰ることになる。

カノツメソウは実に弱々しい感じの植物である。か細い茎の先にごく小さい花を散らばせて、今にも消えてなくなりそうである。三枚の葉の形から、鷹の爪草となり、タが抜け落ちてカノツメソウになったというが、鷹の爪などという勇ましい物とは、全く縁遠いものに思える。別名ダケゼリという。

チヂミザサは林内や林のふちにしばしば群生している。葉が笹に似て縁が縮れていることからこの名があるという。秋に咲く花は小さいが、稲の花にそっくりである。この花はどこにでもあるし、道端などで見かけても何げなく通り過ぎてしまうが、いざファインダーで覗くとその造形に感心させられる。

チヂミザサ

● **ツルカノコソウ**　オミナエシ科　四月～五月

● **ナルコユリ**　ユリ科　五月～六月

● **ミヤマナルコユリ**　ユリ科　五月～六月

● **ワニグチソウ**　ユリ科　五月～六月

● **ドクダミ**　ドクダミ科　六月～七月

● **ヤブミョウガ**　ツユクサ科　八月～九月

● **ノブキ**　キク科　七月～八月

● **ヌスビトハギ**　マメ科　七月～九月

● **カノツメソウ**　セリ科　八月～一〇月

● **チヂミザサ**　イネ科　八月～一〇月

つる植物

ひげや刺などで、他の草や木に絡みついて生きる、つる植物たち。彼らの世界にも独特の個性の持ち主がいる。

オオバウマノスズクサ

　オオバウマノスズクサの花に初めて出会った人はみな驚き、そして次には笑う。ひと口に言えばサキソフォンのような、ユニークな形をしているからだ。お世辞にも美しいとは言いがたいが、愛嬌のある姿は憎めない。熱帯には、この花を巨大化したような仲間がいる。漢字では大葉馬の鈴草となる。仲間のウマノスズクサは、いわゆるラッパのような花を持っていて、その果実が馬の首に下げる鈴に似ていることからこの名が付いたという。

　コバノカモメヅルは林の縁や草原などで見られる。そのつるの途中に何ヶ所も、たくさんの花を集めて咲かせる。花は一cmに満たない小さなもので、アズキ色をした星型の花は、花びらの先が少しよじれて面白い。花が白いシロバ

コバノカモメヅル

ナカモメヅルもある。

　ユリの仲間にはウバユリがあるが、つる植物にもバアソブというものがある。バアは婆で、ソブはそばかすの方言だという。要するに老婆のそばかすという意味だが、確かにこの花には、そばかすのようなシミのような斑点がたくさんついている。ウバユリ同様あまり美しいとは言いがたいが、何か心惹かれる味わいがある。夏の暑い盛りに林の縁などで稀に見られる。

　婆さんがいるなら爺さんはいないのか、と思うことだろう。いる。ジイソブというのがちゃんとある。ただし、こちらは正しくはツルニンジンという。バアソブより一回り大きく、そばかすの出方にも違いがあるようだ。花期はこちらのほうが少し遅い。そして、バアソブは葉などに毛が多いが、こちらは少ない。爺さんには毛が無いのである。

　ツルニンジンが咲く頃、ツルリンドウも林内や林の縁で可愛らしい花を咲かせている。白地で、縁などに淡紫色を帯びた可憐な花である。花の径が一cm長さ三cmほどと小さく、花数も多くないのであまり目立たない。花の終わったあとには真っ赤な実が熟し、こちら

シロバナカモメヅル

バアソブ

ツルニンジン（ジイソブ）

ツルリンドウ

ツルリンドウ（実）

のほうがよほど目立つ。

林道沿いなど日当たりのよい林の縁に、木や藪を覆い隠すように広がっているのはセンニンソウである。花付きがよく、満開のときなど、その

センニンソウ

一帯が真っ白に見える。おしべめしべが長く、意外に繊細な美しさを持っている。この葉は卵形をしているが、葉の先がとがり荒い鋸歯があるのはボタンヅルである。

ネナシカズラは根無し葛。その名の通り根を持たず、他の植物に絡みついて養分を奪う寄生植物である。自分では養分を作らず、他者の栄養をあてにして生きる寄生植物は、形は植物でも生き方としては動物的に思える。葉緑素を持つ必要が無いため、茎は褐色の斑点のある黄色で、花は白い。日当たりのよい山地で見られる。

私にとって長い間幻の花であったツルギキョウ。図鑑に使われている写真では、高尾山で撮影されたものを見ているのに、ずっと出会えないでいた。それが、偶然見つけたという知人からの情報で、やっと撮影することが出来た。ずっと待ち焦がれていたためか、たったひとつだけ咲いていたこのちっぽけな花に、奥ゆかしい美しさを見て感動してしまった。花の径は一cm前後と小さく、ハート型の葉は新緑の葉のような明るい緑である。林下に稀に生える。漢字では蔓桔梗である。

- **オオバウマノスズクサ**　ウマノスズクサ科　五月
- **コバノカモメヅル**　ガガイモ科　七月〜九月
- **バアソブ**　キキョウ科　八月〜九月
- **ツルニンジン**　キキョウ科　八月〜一〇月
- **ツルリンドウ**　リンドウ科　八月〜一〇月
- **センニンソウ**　キンポウゲ科　八月〜九月
- **ネナシカズラ**　ヒルガオ科　八月〜一〇月
- **ツルギキョウ**　キキョウ科　八月〜一〇月

ネナシカズラ

ツルギキョウ

秋の草原

草原は日当たりを好む植物の宝庫。春先から様々な花が見られるが、秋になると一般にも良く知られた花たちが次々に咲いて、いかにも日本の秋といった風情が漂う。草原の旬は秋かもしれない。

キキョウ

キキョウは花に興味が無い人でも、その名前や姿は目にしているだろう。この季節に花店に行けばこの花を置いていない店など無いだろうし、結構安い値段で買える。だからありふれた花かといえばそうではない。自生のものに限れば稀産と言えるように思う。それだけに、山の草原でこの花が咲いているのを見つけたときは、素直に嬉しい。朝夕にようやく秋風を感じられるようになる初秋の頃、この花がノギクやオミナエシなどに囲まれて咲く美しい姿は、大げさに言えば日本人に生まれて良かったと思えるほどに趣がある。

シラヤマギク

日本の秋を彩る代表的な花のひとつがノギクだ。その中でもシラヤマギクは最も早くから咲き出す。まだ夏ともいえる強い日差しの中、草原や尾根道で一ｍを超える茎の上に白い花をまばらに咲かせている。花は径二㎝ほどとノギクの中でも小さめで、花びら（舌状花）の数も少なく涼しげというか寂しげな印象がある。

高尾山で最も目に付くノギクはやはりノコンギクになるだろうか。花色は白っぽいものから青紫色の濃いものまで変化が多いようだが、高尾山ではほとんどが白っぽいものだ。だが蕾には紅紫色が濃く出て可愛いい。茎の上部に傘を広げたように花を付けるので、なかなか見栄えがする。陣馬山山頂付近にはかなり群生していて、夕日に輝く美しい姿を見せている。

アキノキリンソウもノギクには違いない。ただ、他のノギクとちょっと雰囲気が違うのは、高く直立した茎に棒状に花を咲かせるからだろう。その姿は「秋の麒麟草」の名

ノコンギク

アキノキリンソウ

にふさわしい。もっともキリンソウのいわれは、花の形がベンケイソウ科のキリンソウに似ているからと言われるが、どうして?という感じもする。日当たりの良い所にごく普通に見られるが、あまり群生はせずに、数本が集まって生える。秋の野山にすっくと立ち上がって、しっかりと存在感を示している。

　ワレモコウの花は独特の姿をしている。枝先に付くあまり花らしくない暗赤色の丸いもの、あれが花の集まりである。よく見れば円頭形の花穂は幾つにも分かれ、ひとつひとつからおしべが覗いている。

ワレモコウ

名前の由来は幾つか説があるが、吾亦紅の字を充て、吾もまた紅なり、つまり私も紅い花（美しい花）だと宣言している様なのがあって面白い。美しいかどうかはともかく、秋の草原には欠かすことの出来ない、大事な花のひとつである。

　オミナエシも秋の一員として欠かすことが出来ない。小花を集めたあの鮮やかな黄色、細いがしなやかな茎、そして独特の香り。どれもがいかにも日本の秋の風情である。部屋などに飾るとき、あの香りは頭痛がするほど強烈で閉口することがあるが、秋の山であの香りに出会わないと秋が来た気がしない。不思議なもの、いや勝手なものである。

　秋の草花のトリを務めるように咲くのがリンドウである。

オミナエシ

秋も深まり木の葉が色付き始めた頃、枯草の目立つようになった草原に青紫色の花が映える。寒さから身を守るためなのだろう、日差しを浴びるとようやく遠慮がちに花を開き、日が陰ると閉じてしまう。

高さ一m近くにまで成長する大型の草であるのに、誇らしげというよりは控えめに咲いている。花店で見かけるリンドウは、花付きの良いエゾリンドウを基に栽培されたもので、近頃のものは立派になりすぎて、リンドウらしい趣に欠けると思うのは私だけだろうか。

リンドウ

秋の名優たちが舞台を去り、梢から木の葉が散り落ち始めると、もう冬はすぐそこである。紅葉狩りであれほど賑やかだった高尾山にも、ようやく静かな時が訪れる。

- **キキョウ**　キキョウ科　八月～九月
- **シラヤマギク**　キク科　八月～一〇月
- **ノコンギク**　キク科　八月～一一月
- **アキノキリンソウ**　キク科　八月～一一月
- **ワレモコウ**　バラ科　八月～一〇月
- **オミナエシ**　オミナエシ科　八月～一〇月
- **リンドウ**　リンドウ科　九月～一一月

冬の楽しみ

　冬になると、春からずっとあれほど賑やかだった高尾山にも静寂の時が訪れる。梢から枯葉が離れる音や、キジバトが落ち葉を踏みしめる音がはっきり聞こえる。きりりと引き締まった空気が、山歩きで火照った肌に心地よい。陽だまりに腰掛けて、誰にも邪魔されずに考えるとも無く物思いに耽る、そんな時も良いものだ。そして、冬には冬にしか見ることの出来ない自然の営みや、それらが作り出す造形美があって、そんな喜びを知る人々は冬でも変わることなく足を運ぶ。

　冬の造形美の最たるものはシモバシラである。シモバシラといっても、畑や庭で地面を持ち上げるあの霜柱ではない。れっきとした植物で、秋に白い小花を歯ブラシのように一列に咲かせて、それもなかなか美しい。そして、冬になると枯れて茎だけが残る。その茎にはまだ水を吸い上げる力が残っていて、吸い上げた水が夜間の寒さで凍り、茎を破って外に飛び出す。それが氷の花、氷の造形美として我々に新鮮な驚きを与えてくれる。このシモバシラはかなり知られるようになって、これを見に来る登山客がかなり増えた。

シモバシラ

キジョランを見つけるのもまた楽しい。キジョランの実は長さ一〇cmを超える大きなもので、その実が割れて中から長い毛を持った種子が飛び出す。その長い毛が鬼女の振り乱す髪のようだというので、鬼女蘭の名前が付いたという。またキジョランは蝶のアサギマダラの食草である。アサギマダラは割に珍しがられているようだが、高尾山ではかなり見られる。キジョランがたくさん自生しているおかげだろう。

花（中程やや右上）

キジョラン（種子）

　花の無い冬には、木の実が山に彩りを添えてくれる。中でもマユミは庭木などにもよく利用されているように、その美しさが際立っている。初夏に咲く花は全く目立たないが、秋から冬にかけての実は良く目立つ。淡紅色の実が割れて、中から赤い種子が覗く様子からは、色気のようなものすら感じてしまう。和名は真弓で、その昔、弓の材として利用したことからこの名があるという。一号路のタコ杉から少し薬王院より

アサギマダラ

マユミ

の右手に、比較的大きな木がある。

道端では、ミヤマフユイチゴが真っ赤な実を熟している。透明感のある実が冬の日差しに浮かび上がり、ルビーにも負けない輝きを放つ。また、霜で覆われた姿は、砂糖をまぶしたお菓子のようでもある。

ミヤマフユイチゴ

花の無い冬と先に書いたが、実は冬に咲く花もある。カントウカンアオイである。林下に生え、秋から冬にかけて、地際に地面と同化してしまうような色の花を付けて、目立たないことこの上ない。この花のユニークさと葉の美しさで、盆栽などにもよく利用されているようだ。

カントウカンアオイ

仲間のタマノカンアオイは高尾山と多摩丘陵にしか自生しない貴重な植物である。花の縁が波打つなど、花の形や色が少し違い、四月ごろに花を咲かせる。

タマノカンアオイ

- **シモバシラ**　シソ科　花九月〜一〇月　氷の花一一月〜一月
- **キジョラン**　ガガイモ科　花八月〜九月　種子一二月
- **マユミ**　ニシキギ科　花五月〜六月　実一〇月〜一二月
- **ミヤマフユイチゴ**　バラ科　花九月〜一〇月　果実一一月〜一二月
- **カントウカンアオイ**　ウマノスズクサ科　一〇月〜二月
- **タマノカンアオイ**　ウマノスズクサ科　四月

花めぐり　コースガイド

高尾山自然研究路

高尾山ハイキングの中心となるコース。七つのコースに分けられ、コースごとに高尾山の自然に関するテーマが設定されている。コース上には、それぞれのテーマに基づいた解説板が設置されているので、それを読みながら歩くことで、高尾山の自然の概略を理解できるようになっている。

一号路

【テーマ】高尾山の自然と歴史　三・八km

一号路は薬王院の表参道であり、東海自然歩道の基点となる道である。薬王院を経て山頂まで至る。薬王院までは舗装路が続くが、その割には数多くの花が見られる。

沢沿いにはシャガが群生している。タマアジサイも多い。斜面にはタチツボスミレなどに混じってタカオスミレが見られる。湿ったところにはイナモリソウやユキノシタが、乾いたところにはコバノタツナミが顔を出す。秋はノギクの類いやアザミ類、ミズヒキ、ミゾソバ、ツリフネソウなど多くの花が咲く。ケーブルカーの高尾山駅周辺は展望が良く、とくに東側は視界の良い日なら都心のビル群はもちろん、遠く江ノ島や太平洋、筑波山まで望める。御来迎を拝むには最高の場所だ。その展望台の脇にはネムノキがある。そのあたりの石垣の上にはヤマユリも咲く。

途中道は男坂と女坂に別れるが、その間に仏舎利塔の建つ小高い丘がある。紅葉の美しい所である。薬王院の境内は桜、シャクナゲ、アジサイ、紅葉などが美しい。権現堂裏の階段を登りきると舗装のない山道となる。いろはの森コースとの分岐を過ぎてしばらく行くと右手にトイレがある。そのすぐ先が山頂である。

権現堂　薬王院

　山頂は、かつて十三州見晴台と呼ばれたように、展望の良いところだったが、周囲の木が伸びて今はあまり眺望が得られなくなった。しかし、富士山はかろうじて望める。

　ビジターセンターでは、高尾山の自然について、色々な情報が得られる。また毎日定時に山頂周辺で、自然観察会が開かれている。

　茶店が多いので、昼食や休憩にちょうど良いところだ。

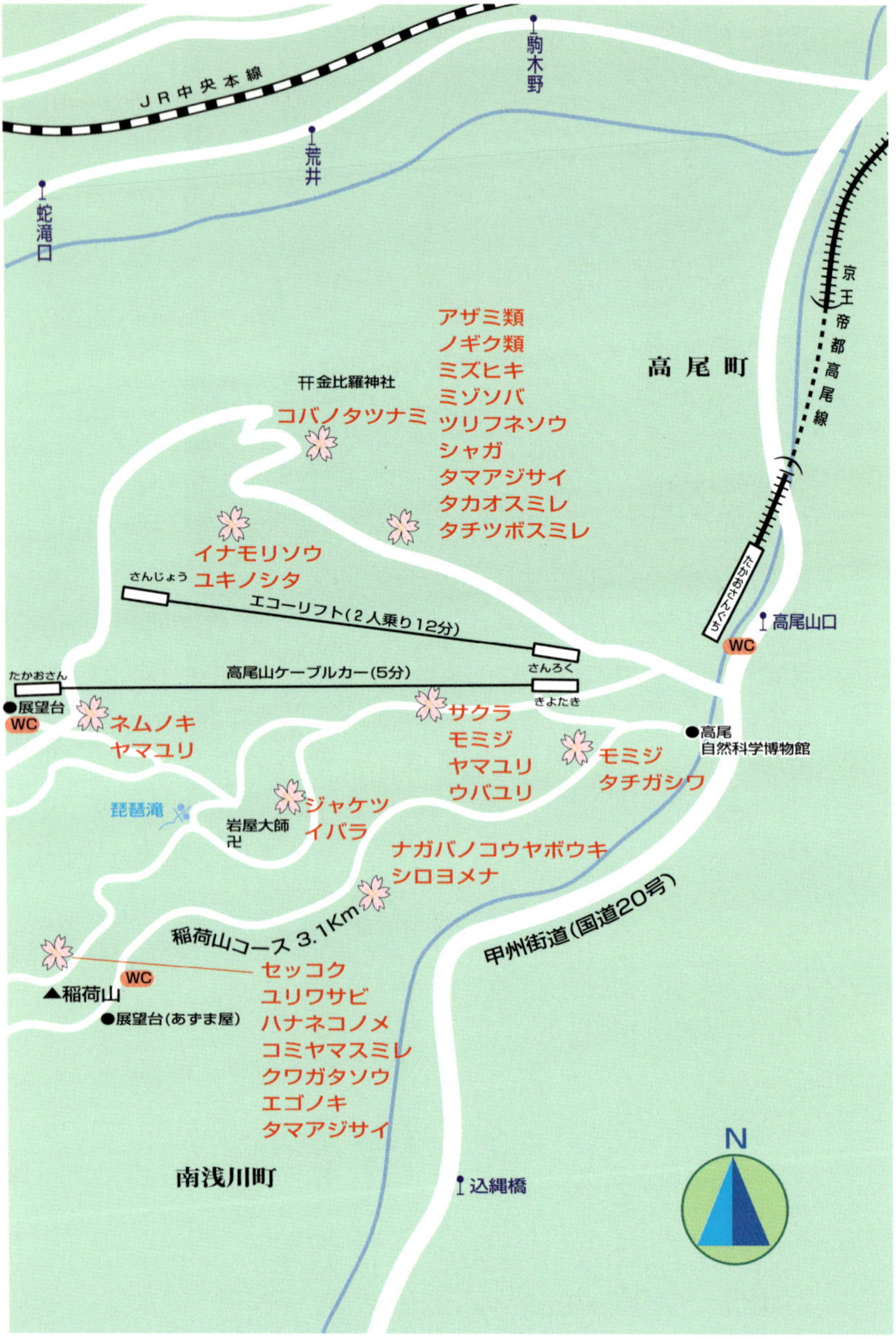
JR中央本線
駒木野
荒井
蛇滝口
京王帝都高尾線
高尾町
アザミ類
ノギク類
ミズヒキ
ミゾソバ
ツリフネソウ
シャガ
タマアジサイ
タカオスミレ
タチツボスミレ
金比羅神社
コバノタツナミ
イナモリソウ
ユキノシタ
さんじょう
エコーリフト(2人乗り12分)
さんろく
たかおさんぐち
高尾山口
WC
たかおさん
高尾山ケーブルカー(5分)
きよたき
展望台
WC
ネムノキ
ヤマユリ
サクラ
モミジ
ヤマユリ
ウバユリ
モミジ
タチガシワ
高尾
自然科学博物館
琵琶滝
ジャケツ
イバラ
岩屋大師
卍
ナガバノコウヤボウキ
シロヨメナ
稲荷山コース 3.1Km
甲州街道(国道20号)
WC
稲荷山
展望台(あずま屋)
セッコク
ユリワサビ
ハナネコノメ
コミヤマスミレ
クワガタソウ
エゴノキ
タマアジサイ
南浅川町
込縄橋
N

中央自動車道
大下
日影
裏高尾
摺指
浅川老人ホーム
千代田稲荷
ホウノキ
ガクウツギ
シラネセンキュウ
アカショウマ
コミヤマスミレ
カントウミヤマカタバミ
ブナ、モミ
イヌブナ
ヤマアジサイ
キバナアキギリ
オトギリソウ
いろはの森コース
日影沢林道
イヌブナ
コゴメウツギ
ヤマアジサイ
シャガ
ヤマルリソウ
ナガバノスミレサイシン
ヒナスミレ
蛇滝
2号路 高尾山の森林コース0.9K
神変堂
モミジ
仏舎利塔
4号路 森と動物コース1.5K
サラシナショウマ
イヌショウマ
ホウチャクソウ
チゴユリ
江川スギ
アブラチャン
ブナ、モミ
5号路
人と自然コース
0.9Km
WC
1号路 高尾山の自然と歴史コース3.8Km
薬王院
WC
サクラ
シャクナゲ
アジサイ
モミジ
高尾山
ビジター
センター
シモバシラ
カツラ
3号路 高尾山の植物コース2.4Km
6号路 森と水コース3.3Km
クヌギ
コナラ
ホウノキ
ヤブラン
ヒメヤブラン
ジュウニヒトエ
ツルリンドウ
シュウブンソウ
サワギク
ギンリョウソウ
ツクバキンモンソウ
キジョラン
オカトラノオ
ヒヨドリバナ
シラヤマギク

シャガ
アヤメ科
花期３月～５月
湿った林下を好み,高尾山でもあちこちに群落をつくっている。花は径５～６㎝で淡紫色を帯びる。葉は幅２～2.5㎝、長さ30～60㎝の剣形、肉厚

ミヤマキケマン
ケシ科
花期４月～５月
日当りの良い山地や、林のふちなどに生える。深く切れこんだ柔らかい葉と、総状につけた淡黄色の花が特徴。

杉並木

フタリシズカ
センリョウ科
花期４月～５月
林下に生える。茎の高さは30～50㎝、上部に十字形に葉を広げ、その中央に数本の花穂を立てる。この名は静御前に因んだものという。

コバノタツナミ
シソ科
花期5月〜6月
日当たりの良い山地の乾いたところに生える。葉などに短毛が多いのでビロードタツナミの別名がある。近縁にオカタツナミソウ（96p）やタツナミソウなどがある。

イナモリソウ
アカネ科
花期5月〜6月
湿った林下や岩の上などに生える。対生する葉を2〜3対つけ、その中央から淡紫色の花を1〜2個咲かせる。ホシザキイナモリソウやフイリイナモリソウなどの変種がある。

ホシザキイナモリソウ

マタタビ

マタタビ科

花期６月～７月

つる性で他の樹木にからまる。花期には葉の一部が白くなり、よく目立つ。花は雄花、雌花、両性花があり、写真は両性花。ネコの好物として有名。

ネムノキ

マメ科

花期７月

高さ６～１０ｍになり、枝を横に広げる。夜になると葉を閉じて、眠るように見えることからこの名がある。夕方咲く花は淡紅色の花糸が美しい。

タマアジサイ

ユキノシタ科

花期８月～９月

高さ１.５ｍ～２ｍになり、沢沿いによく生えている。つぼみが球形のため、この名がある。冬に枯れ残った花がよく見られる。

タコ杉

タイアザミ
キク科
花期９月～１１月
花はややうつむいて咲き、刺が長くそり返っている。葉の刺も長い。別名トネアザミ。山地の明るいところによく生える。

アズマヤマアザミ
キク科
花期９月～１１月
日当たりのよい山地に生える。茎に出る大きな葉が目立ち、その割に小さめな花を多数つける。

二号路

【テーマ】高尾山の森林　〇・九㎞

イヌブナ

　二号路は霞台園地とさる園をぐるりと取り囲むように一周するコース。北コースはイヌブナなどの落葉広葉樹林、南コースはカシなどの常緑広葉樹林である。

　北コースは高尾山駅の少し先にあるログハウス前を右に下る。その斜面にはヒナスミレやヤマルリソウ、シャガなどが咲き、ヤマアジサイやコゴメウツギなどもみられる。イヌブナ林の美しさも特筆ものだ。やがて四号路とぶつかり浄心門へ出る。

　南コースはログハウス前を左に下る。こちらは暗い常緑樹の森で、木にはキジョラン

ナガバノスミレサイシン
スミレ科
花期３月～４月
半日陰の湿気の多いところを好む。その名の通り細長く先のとがった葉が特徴。花は比較的大きく、色は白から淡紫色の淡いものが多い。

ヤマルリソウ
ムラサキ科
花期４月～５月
林のへりなど湿ったところを好む。根元の葉がロゼット状に広がり、全体に寝たような形ではえていることが多い。花の径は１㎝ほど。

キランソウ

シソ科
花期３月～５月
野原や道端などに生える。地面にべったり張りついたように生え、枝を横に出して増える。全体に縮れた毛が多い。別名ジゴクノカマノフタ。

などのつる植物がからまる。咲く花もオオバジャノヒゲやハグロソウ、ヤブツバキなど暖帯林に分布するものが多い。やがて三号路とぶつかり、やはり浄心門へ出る。

オオバジャノヒゲ
ユリ科
花期6月～8月
林下に生える。葉は幅4～8㎜、長さ20～40㎝ほどで厚みがありざらつく。花は淡紫色の花が数個うつむいて咲く。稀に白花もある。

ヤマホトトギス
ユリ科　花期7月～9月
林下に生える。白地に紫色の斑点があり、花びらが強くそり返るのが特徴。一株で数十個もの花をつけるものがある。

山道

オクモミジハグマ

キク科

花期8月～10月

林下に生える。高さ30～80㎝の茎の途中に数枚の葉が集まってつく。てのひら状に浅く裂ける葉の形からこの名がついた。ハグマはヤクの尾のことで実の冠毛をみたてた。

三号路

【テーマ】高尾山の植物　二・四km

　三号路は二号路南コースと繋がり浄心門から南斜面を通って山頂下へ至るコース。

　やはり常緑広葉樹林からなり、うっそうと樹木が生い茂っている。しかし、南斜面のため日当たりがよく、冬でも意外に暖かい。従って咲く花も暖帯林に分布するものが多く、キジョランやハグロソウ、オオバジャノヒゲ、ツクバキンモンソウなどが見られ、ギンリョウソウやサワギクなど湿気を好むものも多い。起伏が少なく歩きやすいが、最後のところだけ少しきつい登りとなる。登りきると薬王院から山頂へ至る林道に出る。カツラの林を抜ければ五号路とぶつかる。右へ行けばトイレの前を経て山頂、左へ行けば六号路、直進して奥高尾へ至る。

ツクバキンモンソウ
シソ科
花期４月～５月
林下に生える。葉脈に沿って紫色を帯びる葉が特徴で、その中央付近に淡紅紫色の花を数個咲かせる。

ギンリョウソウ
イチヤクソウ科
花期５月～７月
林下の落ち葉の積もった所に生える腐性植物。全体が透明感のある白色で、その姿から銀竜草と名づけられた。

樹林

ムラサキケマン
ケシ科
花期４月～６月
日陰の湿ったところを好むが、明るいところにも多い。高さ20～50㎝。葉は深く切れ込み、柔らかい。「ケマン」は仏前に下げる装飾具のことで花をそれにみたてた。

サワギク
キク科
花期６月～７月
沢沿いや林下の湿ったところに生える。高さ40～90㎝の茎の先に計１㎝ほどの花を多数つける。葉は深く裂け、全体に柔らかい。別名ボロギク。

ハグロソウ
キツネノマゴ科
花期７月～10月
林下に生える。高さ20～50㎝。枝先などに上下に分かれた紅紫色の花を咲かせる。暗緑色の葉からこの名がついた。

シュウブンソウ
キク科
花期８月～10月
細長い枝に細長い葉を、枝先から見てななめ後方に伸ばす。その葉のわきに黄緑色の小さな花をつける。秋分のころ花を咲かせることからこの名が付いたという。

四号路

【テーマ】森と動物　一・五km

四号路は三号路と逆に二号路北コースと繋がり、浄心門から北斜面を通って山頂下へ至る。イヌブナやブナを中心とした落葉広葉樹林からなり、新緑や紅葉の美しいコース。また、モミの純林のようなところもある。

動物がテーマといっても特に動物との出会いが多いわけではないが、野鳥は多く見かける。

咲く花はカントウミヤマカタバミ、コミヤマスミレ、アカショウマ、キバナアキギリ、シラネセンキュウなどの林下を好む花が多く、ガクウツギ、ホオノキなど木の花も多い。

イヌブナ

適度に起伏があり、途中吊り橋を渡るなど変化に富んでいる。またいろはの森コースとも交差している。最後にややきつい丸太の階段を登りきると、山頂下のトイレ脇に出る。

アカショウマ
ユキノシタ科
花期6月～7月
林のヘリなどに生える。高さ30～80㎝ほどの茎の先に、白い小花を多数集めて咲く。葉は小葉を羽状に広げる。よく似るチダケサシ（97ｐ）より柔らかい感じがする。

カントウミヤマカタバミ
カタバミ科
花期3月～4月
林下に生える。三小葉からなる葉と、うつむいて咲く五弁の白花が特徴。花径は3㎝ほど。早春の暗い林内で控えめに咲く姿が印象的。

キバナアキギリ
シソ科
花期8月～10月
林下に生え、群落をつくることも多い。虫が花に入るとおしべが降りて虫の背に花粉をこすりつけるという、おもしろい動きをする。

オトギリソウ
オトギリソウ科
花期7月～9月
山地から山麓にかけて見られる。高さ30～70㎝ほどで直立し、その先に15㎜ほどの黄花を数個咲かせる。葉や花に黒点や黒線がある。

つり橋

シラネセンキュウ
セリ科
花期９月～１１月
山の谷あいなどに生える。高さ８０～１５０㎝と大型。小花を２０～６０個ほども集めた白いレースのような花が美しい。

ヤマアジサイ
ユキノシタ科
花期６月～８月
湿った林内や沢沿いに生えるので、別名サワアジサイという。花色に変化が多いといわれるが、高尾山ではほとんどが白色。

ガクウツギ
ユキノシタ科
花期５月～６月
山地に生える落葉低木。花の周りに白い装飾花をつけ、よく目立つ。アジサイの仲間。葉には金属のような光沢があり、そこから別名コンテリギという。

五号路

【テーマ】人と自然　〇・九㎞

江川杉

山頂下をぐるりと一周するコース。スギやヒノキなどの植林とクヌギやコナラ、ホオノキなどの自然林が混在している。

山頂下のトイレから向かって右手の平坦な道を行く。根元から沢山枝分かれした木はアブラチャン。早春には枝先に黄色い花を多数つける。その先に現われる立派なスギ林は江戸時代に植林されたもので、時の代官の名をとって江川スギと呼ばれる。このあたりではチゴユリ、ホウチャクソウ、イヌショウマなどの花が見られる。ほどなく山頂から下る階段とぶつかる。右へ

ホウチャクソウ

ユリ科

花期4月～5月

林下に生える。高さ30～60㎝ほどになり、上部で枝分かれしている。枝先から3㎝ほどの花を1～3個垂れて咲かせる。花は筒状で開かず、やや緑色を帯びる。

ジュウニヒトエ

シソ科

花期4月～5月

林下に生える。高さ10～25㎝ほどで、全体に白い軟毛におおわれている。花が何段にも積み重なって咲く姿を十二単に見たてて名付けられた。

ヒメヤブラン

ユリ科

花期7月～9月

日当たりのよい山地に生える。葉は幅1.5～2㎜、長さ10～20㎝ほどとリュウノヒゲによく似るが、花が淡紫色で上向きに咲くのでわかりやすい。

行けば奥高尾である。直進してヒノキ林の中を行く。途中に湧水がある。稲荷山との分岐あたりからは自然林となる。三号路、六号路との分岐は左手の広い道を行く。道の右側の少し下がったところにシモバシラがある。坂を登りきるとトイレの前へ出る。

ヤブラン

ユリ科

花期８月～１０月

山地の木陰に生える。高さ５０㎝ほどになる線形の葉の集まりから数本の花茎を立てる。花茎には淡紫色の小花を多数つける。ランに似た葉を持ち、やぶに生えることからこの名がある。

サラシナショウマ

キンポウゲ科

花期８月～１０月

林下に生える。若葉を水でさらして食用としたことからこの名が付いた。ショウマと名が付く他の植物は、花か葉がこれに似ている。

イヌショウマ

キンポウゲ科

花期８月～１０月

林下に生える。次のサラシナショウマに似るが、こちらの花には花柄がない。葉が食用とならないためイヌ（役立たずの意）とついたという。

六号路

【テーマ】森と水　三・三km

六号路はケーブルカー清滝駅を右に見ながら、舗装路を直進する。途中、モミジや桜の中をケーブルカーが登って行くのが見える。その林床には、ヤマユリやウバユリが多数見られる。橋の手前を左へ入り、沢に沿って行く。途中に琵琶滝水行道場がある。その先は杉の巨木が点在する中を沢が流れ、沢に沿って山道が続き、深山の趣となる。湿った岩の上にはユリワサビやハナネコノメが咲き、杉の高い梢にはセッコクが着生している。そのほか、コミヤマスミレ、オウギカズラ、クワガタソウ、ジャケツイバラ、エゴノキ、タマアジサイなど、たくさんの花が見られる。稲荷山コースへ上がる道との分岐から先は、沢の中に飛び石があり、その上を歩く。しばらくして沢から離れると、三号路、五号路との合流地点まではやや急な登りが続く。

琵琶滝

オウギカズラ
シソ科
花期４月～５月
林下に生える。和名は扇かずらで浅く切れ込んだ葉の形からという。淡紫色の花は、同属のキランソウ（61Ｐ）やジュウニヒトエ（71Ｐ）などに似ている。

コミヤマスミレ
スミレ科
花期５月～６月
杉林の下など暗い湿ったところに生える。花は一㎝前後と小さくガクが反り返る。葉は暗緑色で紫色を帯びることもある。高尾山では最も遅く咲くスミレ。

クワガタソウ
ゴマノハグサ科
花期５月～６月
沢沿いや湿った林下に生える。花は径一㎝弱、淡紅紫色で紅紫色の筋がある。この名は、果実の形を兜の鍬形に見立てたものと言う。

杉林

サワハコベ

ナデシコ科

花期５月〜７月

林下の湿ったところに生える。茎が岩や地の上を這うので別名ツルハコベ。花弁は五枚で先が浅く切れ込む。

ジャコウソウ

シソ科

花期８月〜９月

山地のやや湿ったところを好む。葉の脇から長さ四㎝ほどの筒形の花を数個咲かせる。全体にじゃ香の香りがすることからの命名という。

チドリノキ
カエデ科
花期４月
谷間などにはえる。高さ８～１５ｍになる落葉高木で雌雄異株。カエデらしくない葉の形をしているが、やはり新緑、黄葉共に美しい。

ジャケツイバラ
マメ科
花期５月～６月
日当たりのいい山の斜面や川原などに生える。つる状に伸びて他の木などにからまる落葉低木。明るい黄花が良く目立つ。別名カワラフジ。

エゴノキ
エゴノキ科
花期５月～６月
山野に普通に生える落葉高木。幹が根元から何本も出て広がり、高さは７～１５ｍほどになる。花時には枝いっぱいに白い清楚な花を垂らして咲かせ美しい。

稲荷山コース

三・一km

紅葉

ずっと尾根道をたどって山頂まで登る気持ちの良いコース。ケーブルカー清滝駅のすぐ左の橋を渡り、階段を登って行く。そのあたりにはモミジが多く、紅葉が美しい。途中、名前の由来となった稲荷神社が祀られている。しばらく登ると見晴らしの良い伐採地に出る。南高尾の山並みがすぐ目の前だ。このコースはスギ、ヒノキの植林と、雑木林が適度に混じりあって変化がある。林下にはタチガシワ、ナガバノコウヤボウキ、シロヨメナなどが咲き、日当たりの良い所にはオカトラノオ、ヒヨドリバナ、シラヤマギクなどが咲く。コース中ほどのピークにはあずまやとトイレが作られており、ここからの展望も素晴らしい。六号路に下る道との分岐を過ぎ、ヒノキ林の中をしばらく行くと、五号路と交差する。そこからはまっすぐ山頂に向かって階段が伸びている。

ナガバノコウヤボウキ
キク科
花期8月～9月
山地のやや乾いたところに生える小低木。コウヤボウキによく似るが、こちらの葉のほうが細長く、葉の間に花を付けるので見分けられる。花期も少し早い。

タチガシワ
ガガイモ科
花期5月～6月
林下に生える。高さ30～60㎝ほどになり、その上部に葉を対生させてつける。花は緑褐色で、茎の先に多数集めて咲く。冬には白い長い毛を持った種子を飛ばす。

ヒヨドリバナ
キク科
花期8月～10月
山地に普通に見られる。高さ1～2m。白もしくは淡紅紫色の小花を多数集めた頭花をつける。葉の形など個体によって感じの違うものが多い。

コウヤボウキ
キク科
花期9月～10月
山地のやや乾いたところに生える小低木。木を削って作ったようなデリケートな花が面白い。高野山で箒に利用したことからこの名が

旭稲荷

オヤマボクチ

キク科

花期９月～１０月

明るい山地に生える。高さ１～１.５ｍ、葉は長さ３０㎝ほど、頭花も４～５㎝ほどと大きく黒紫色をしている。昔、葉裏の毛を火口（ほくち：火を移しとる物）に利用したという。

シロヨメナ

キク科

花期８月～１１月

ノコンギクに似るが、こちらはやや日陰を好む。また頭花は白で花数も少なめでやや小ぶりである。葉の主脈がよく目立つ。

裏高尾

裏高尾とは、国道二〇号線から分岐する旧甲州街道沿いの一帯のこと。高尾山の北側を流れる小仏川に沿うようにして、小仏峠まで至る。コースとしては、梅郷コースと、日影～いろはの森コース、小下沢林道コースが主なものになるが、街道沿いに小仏まで行くのも、民家の佇まいに風情を感じたり、咲き乱れる庭の花を愛でたりできて楽しめる。

梅郷コース

ＪＲ・京王線高尾駅北口から国道二〇号線を相模湖方面へ下って行くと、やがて中央本線のガードをくぐり西浅川交差点へ出る。その少し先の上椚田橋のたもとからこのコースは始まる。その名の通り、美しい梅林が小仏川に沿って点在するコースである。

梅林は、コースの入り口付近と荒井バス停近くの天神梅林、蛇滝口近くの梅林が主なものだが、駒木野バス停前の関所跡では、紅白の梅にサンシュユの黄が混じって美しい。また、荒井バス停と分校の間に道があり、その奥にも隠れた梅の名所がある。なお、蛇滝口近くの梅林では、毎年夏に圏央道反対集会が開かれている。

その他の花としては、アキブシ、ダンコウバイ、ヤマエンゴサク、アオイスミレ、コスミレなど、やはり早春に楽しめるものが多い。蛇滝水行

荒井の梅林

道場付近の岩壁には夏にイワタバコが咲く。

スミレ
スミレ科
花期３月～５月
日当たりの良いところに生える。人家近くでよく見られる。高さ７～１５㎝で、へら形の葉を斜めに立てる。花は径２㎝ほどで濃紫色のものが多い。

ヤマエンゴサク
ケシ科
花期３月～４月
林下に生える。葉は丸みのある柔らかいものだが、個体により変化が多い。花は長さ２㎝前後、濁りの無い青紫色で爽やかな印象がある。よく似るジロボウエンゴサクは淡紅紫色の花。

カントウタンポポ
キク科
　花期３月～５月
セイヨウタンポポに押されてあまり見られなくなった在来種。セイヨウタンポポは花の裏の外片が反り返るのですぐ判る。梅林などで見られる。

レモンエゴマ
シソ科
花期８月～１０月
林のふちなどに生える。シソやエゴマに似ているが、レモンそっくりの芳香がありこの名が付いた。高尾山で発見された植物。

ユウガギク
キク科
花期７月～１０月
山麓や登山道脇に群生している。四方に広げた枝先に白い花を咲かせる。薄く柔らかい感じの葉を持ち、下部の葉は羽状に裂ける。

行の沢

ナギナタコウジュ
シソ科
花期８月～１０月
山地の道端など、日当たりの良いところに生える。花はブラシのように、一方向にかたまって咲く。全体に強い香りがあり、冬に枯れても香りは残る。

日影～いろはの森

高尾駅北口から小仏行きのバスに乗り日影バス停で降りる。川の対岸にはカツラの森が広がっている。その下には散策道があり、様々な花が見られる。バス停から小仏方面へ少し行くと左手に林道の入り口がある。林道は小仏城山まで伸びているが、車両の通行はできない。しばらく歩くと、林野庁の施設「ウッディハウス愛林」に出る。ここではキャンプもできる。ここから林道をそれて左の小道を行くといろはの森である。いろはの頭文字の名前をもつ樹木に解説板が付けられ、歩きながら樹木の勉強ができる。途中四号路と交差し、一号路へ出て終わる。樹木の種類の多いコースで、終点近くではブナやモミの巨木も見られる。花はアブラチャン、コチャルメルソウ、エンレイソウ、ハンショウヅルなどが見られる。また、林道沿いもヒカゲスミレ、ラショウモンカズラ、カラハナソウ、キツリフネなど数多くの花が見られる。

小仏川

西浅川町
JR中央本線
中央自動車道
ウメ
小仏関所跡
小名路
分校
荒井
駒木野
小仏川
上椚田橋
旧甲州街道
蛇滝口
ウメ
ウメ
ウメ
サンシュユ
京王帝都高尾線
高尾町
キブシ
ダンコウバイ
ヤマエンゴサク
アオイスミレ
遊歩道
オオミゾソバ
ユウガギク
レモンエゴマ
ナギナタコウジュ
行の沢
イワタバコ
蛇滝
さんじょう
エコーリフト
さんろく
たかおさんぐち
高尾山口
WC
たかおさん
高尾山ケーブルカー
きよたき
WC
高尾
自然科学博物館
琵琶滝
WC
稲荷山
WC
薬王院
案内川
梅の木平
南浅川町
大平
甲州街道(国道20号)
関東ふれあいの道(湖のみち)
N

▲景信山
カツラ
ユキノシタ
コチャルメルソウ
マルバコンロンソウ
裏 高 尾 町
小仏トンネル
WC
小仏
大下
日影
卍宝珠寺
ハンショウヅル
ガンクビソウ
WC
ウッディハウ
小仏峠
日影沢
キツリフネ
カラハナソウ
ラショウモンカズラ
ヒカゲスミレ
WC
小仏城山▲
東海自然歩道・関東ふれあいの道(鳥のみち・湖のみち)
WC
ブナ、モミ
WC
WC
高尾山▲
WC
関東ふれあいの道(湖のみち)
大垂水峠
大垂水峠
千 木 良
▲大洞山
▲コンピラ山

関場峠
イガホウズキ
カラスノゴマ
イヌトウドナ
ジャコウソウ
フサザクラ
ミヤマフユイチゴ
ゲンノショウコ
ヤマホトトギス
ナガバノスミレサイシン
ハナネコノメ
ヨゴレネコノメ
ネコノメソウ
ユリワサビ
景信山
WC
小下沢
裏高尾町
ウメ
中央自動車道
日影
大下
小仏
WC
小仏トンネル
JR中央本線
宝珠寺
カキドオシ
オオイヌノフグリ
WC
小仏峠
日影沢
ウッディハウス愛林
いろはの森コース
小仏城山
WC
関東ふれあいの道(鳥のみち・湖のみち)
WC
東海自然歩道
一丁平
高尾山
WC
WC
WC
もみじ台
大垂水峠
大垂水峠
千木良
甲州街道(国道20号)
大洞山
コンピラ山
中沢山
相模川
若柳
N

ハシリドコロ

ナス科

花期３月～４月

林下に生える。高さ30～60㎝、葉の脇から２㎝ほどの花を１個ずつ下げる。有毒植物で、これを食べると所かまわず走り回ることからこの名が付いたという。

エンレイソウ

ユリ科

花期３月～４月

湿り気のある林下に生える。高さ20～40㎝の茎の先に三枚の大きな葉を広げ、その中央から緑もしくは渇紫色の花を咲かせる。白い花弁を持つシロバナエンレイソウもある。

マルバコンロンソウ

アブラナ科

花期４月～６月

湿り気のある林下に生える。高さ７～20㎝、丸い葉と十字型の白い花が特徴。全体に大柄で羽状の葉を持つヒロハコンロンソウもある。

ラシショウモンカズラ

シソ科

花期４月～５月

林下に生える。高さ20～30㎝ほどの花茎に長さ４～５㎝もある紫色の花を一方向に並べて咲かせる。花は下から順番に咲く。

ハンショウヅル

キンポウゲ科

花期５月～６月

林内で他の植物などにからまって生えるつる植物。花は完全には開かず垂れ下がる。その花の形を半鐘に見立てた名という。

ガンクビソウ

キク科

花期８月～10月

林下に生える。高さ25～100㎝。花弁のない黄花を咲かせる。その花が下向きに咲く様子をキセルの雁首に見立てて、この名が付いたという。

カラハナソウ
クワ科
花期８月～９月
山地に生えるつる草。葉は桑の葉に似た切れ込み方をする。雌雄異株。写真は雌株の果穂。ビールの原料ホップに近い植物。

ブナ

ハナイカダ
ミズキ科
花期５月～６月
山地に生える落葉低木。葉の上に花をつけることからハナイカダ。春に淡緑色の小さな花を咲かせ、夏に実が黒く熟す。写真は熟した実。

ヤブデマリ
スイカズラ科
花期５月～６月
川沿いなどに生える。高さ２～６ｍになる落葉小低木。アジサイに似た白い花を咲かせるが、アジサイの仲間ではない。八月頃、果実が赤から黒に熟す（写真）。

小下沢～堂所山

小下沢

小仏行きのバスを大下バス停で降りて、来た道を戻る。中央本線のガードをくぐらず、線路沿いを直進すれば小下沢林道である。日影で小仏川と合流する小下沢に沿った道で、関場峠まで伸びている。小下沢は小さな川ながらも所々でなかなかの渓谷美を見せてくれる。川沿いの岩肌にはハナネコノメ、ネコノメソウ、ユリワサビなどが咲いている。道端にはナガバノスミレサイシン、ヤマホトトギス、ゲンノショウコ、ミツバフウロなども見られる。

コース中ほどにはキャンプ場跡があってフサザクラが咲く。ここからは景信山や北高尾山陵にも登れる。沢沿いにはなおも平坦な道が関場峠直下まで続く。峠へ登れば北高尾山陵の尾根道で、右は八王子城山、左は堂所山へ至る。雑木林と植林の混在するなかなか気持ちの良い道だ。

カキドオシ　シソ科　花期４月～５月

野原や道端に生えるつる性の植物。つるが垣根を通り越して伸びていくところから、垣通しの名が付いたという。花が無数に咲く様子は子供が手を繋ぐ姿のようだ。

ゲンノショウコ　フウロソウ科　花期７月～１０月

山地の登山道脇などに生える。昔から薬草として使われ、薬効がすぐに現れることから「現の証拠」。花色は高尾ではほとんど白だが紅紫色のものもある。

ミツバフウロ　フウロソウ科　花期８月～９月

日当たりの良い所に生える。葉が三つに深く裂けるので三葉フウロ。ゲンノショウコに似るが高さ３０～８０㎝と高い。ガクに長毛が出るとタカオフウロ。

カラスノゴマ
シナノキ科
花期８月～９月
林のへりや道端に生える。高さ30～90㎝、花径は1.5㎝ほど。種子がゴマに似るが全体に大きいのでカラスノゴマ。おしべとめしべの間に長い仮おしべがある。

キャンプ場跡付近

イガホオズキ
ナス科
花期７月～９月
林下に生える。高さ50～70㎝。葉は卵形。葉や茎に長い毛がまばらに出る。１㎝ほどの実に突起が多数出るのでこの名が付いた。

イヌトウバナ
シソ科
花期８月～10月
林下や道端に生える。よく似るトウバナは葉が丸みを帯びて、花が淡紅紫色である。トウバナは何層にも重なる花の様子を塔に見立てた名という。

奥高尾

ここでいう奥高尾とは、高尾山山頂から西側の一帯を指している。一般的にもそのようなニュアンスで使われることが多いと思う。高尾山と陣馬山を結ぶ尾根道を主脈にして、各ピークに向かって四方から何本もの登山ルートが伸びている。それらを組み合わせて、様々なコースバリエーションが楽しめる。植物の植生も、コースによって個性が感じられて楽しい。

山頂～小仏峠

「これより奥高尾」の碑で迎えられるこのコースは、尾根道に左右の巻き道が絡み合うコース。真中の尾根道は桜と紅葉と眺望が楽しめる。特に桜は、小仏城山あたりまで桜並木が続いて素晴らしい。もみじ台は紅葉が美しく、その少し先の伐採地は富士山、丹沢方面の眺望がすこぶる良い。巻き道は草花が豊富で楽しい。いろいろなスミレ類、イカリソウ、ホウチャクソウ、ヤマユリ、シモバシラ、イヌショウマなど枚挙に暇が無い。一丁平は桜、紅葉、草花、眺望と何拍子もそろった素晴らしい場所。城山は眺望が素晴らしく、富士山、丹沢、相模湖から都心方面まで良く見える。ここからは大垂水峠への道、相模湖への道、林道を通って日影バス停へ降る道がある。小仏峠は歴史のある峠らしく落ち着いた場所。お地蔵様が迎えてくれる。ここからは小仏バス停への道と相模湖への道がある。

関場峠
ツルニンジン
バアソブ
シモバシラ
ツリガネニンジン
センボンヤリ
ニオイタチツボスミレ
アカネスミレ
景信山
WC
ヤマボウシ
ホウノキ
チダケサシ
ホタルブクロ
イカリソウ
モミジ
サクラ
ミズタマソウ
ミズヒキ
タマアジサイ
裏高尾町
中央自動車道
小仏トンネル
WC
小仏
大下
日影
JR中央本線
宝珠寺
小仏峠
オカタツナミソウ
ミミガタテンナンショウ
イヌショウマ
シモバシラ
WC
ヤマユリ
ホウチャクソウ
イカリソウ
各種スミレ類
小仏城山
WC
関東ふれあいの道(鳥のみち・湖のみち)
東海自然歩道
WC
一丁平
高尾山
WC
WC
WC
もみじ台
オオチゴユリ
アマドコロ
フデリンドウ
ヒメハギ
マルバハギ
ツクシハギ
オミナエシ
ワレモコウ
千木良
大垂水峠
大垂水峠
モミジ
富士山
サクラ並木
モミジ
甲州街道(国道20号)
大洞山
ネナシカズラ
ミズヒキ
オトコエシ
センブリ
コンピラ山
相模川
中沢山
若柳
N

N
市道山
吊尾根
要倉山
醍醐林道
ガマズミ
ムラサキシキブ
コウヤボウキ
ナガバノコウヤボウキ
シモバシラ
醍醐丸
醍醐峠
関東ふれあいの道(鳥のみち・富士見のみち)
WC
陣馬高原下
高岩山
WC
和田峠
ユリワサビ
ハナネコノメ
ネコノメソウ
ヨゴレネコノメ
関場峠
八王子市
陣馬高原山の家
陣馬山
(陣場山)
WC
堂所山
ホソバテンナンショウ
関東ふれあいの道(鳥のみち)
シラヤマギク
ノコンギク
ワレモコウ
オミナエシ
ツリガネニンジン
シシウド
ヒゴスミレ
サクラスミレ
アカネスミレ
ニオイタチツボスミレ
ヒトリシズカ
奈良子峠
明王峠
サクラ
富士山
栃谷尾根
ナラコ尾根
矢ノ音

ミミガタテンナンショウ

サトイモ科

花期４月～５月

林下に生える。葉より先に花が開く。花は中央の白い棒状の物で、その周りの物は仏炎包といい、それが耳状に張り出すので耳形テンナンショウと付いた。

富士山とサトザクラ

オカタツナミソウ

シソ科

花期５月～６月

丘や林のふちなどに生える。タツナミは立浪で花の様子を波に見立てたもの。群生している様子はさながら海原に連なる波頭の様である。

ホタルブクロ

キキョウ科

花期６月～７月

草原や林のヘリなどに生える。名前の由来は、ちょうちんの方言名「火垂袋」から来たという説と、蛍を中に入れて遊んだからという説がある。

尾根道の桜と小仏城山

ヤマホタルブクロ
キキョウ科
花期6月～7月
ホタルブクロそっくりである。見分ける点はガクで、ホタルブクロはガクの一部が反り返り、こちらはその部分が膨らむという違いがある。

チダケサシ
ユキノシタ科
花期7月～8月
やや湿り気のある草原などに生える。茎はしっかりしていて直立し、高さ30～80㎝。花は小花を円錐型に集め、葉は羽状に分かれる。アカショウマ（68P）より花が赤く細い印象がある。

ホウノキ
モクレン科
花期５月～６月
山地に生える落葉低木。高さ20～30ｍで葉は長さ20～40㎝、花径は15㎝ほどで芳香がある。山中に多いが、一丁平に間近に見られる木があるのでここに載せた。

モミジ台の紅葉

ヤマボウシ
ミズキ科
花期６月～７月
山地に生える落葉高木で高さ５～10ｍ。枝先に白い花をいっぱいに付けるが、本来の花は中央の球形の部分。これも一丁平に間近に見られる木がある。

小仏峠～景信山～明王峠

小仏地蔵

おおむね幅広い歩きやすい道が続くが、適当にアップダウンもあって、登山らしさも充分に味わえる。

景信山は特に東側の眺望が良く、城山から高尾山の尾根が見られ、その先には八王子市街から都心方面、関東平野まで見渡せる。

堂所山の頂上は雑木林に囲まれた気持ちの良い場所だが、眺望には恵まれず登りがかなり急なので、パスしてもよいだろう。

明王峠からは富士山が望める。桜の名所でもあるので、桜越しの富士山が楽しめる場所となっている。

植物は尾根筋らしく、日当たりを好むものが多い。アケボノスミレ、アカネスミレ、ニオイタチツボスミレ、センボンヤリ、ツリガネニンジン、シモバシラなどが見られ、また、林のふちにはバアソブやツルニンジンがからまっているのが見られる。

明王峠の桜と茶屋

アケボノスミレ
スミレ科
花期４月～５月
日当たりのよい林内や草原に生える。その名にふさわしい華やかな色のスミレ。花の時期には、葉は完全には開かず内巻きになっている。

アカネスミレ
スミレ科
花期４月～５月
日当たりの良い山地に生える。尾根筋の道端などでも見られる。この名も花色からつけられた。花弁があまり開かず内部が見えにくい点が特徴。

ニオイタチツボスミレ
スミレ科
花期４月～５月
日当たりの良い山地や草原に生える。花は濃紫色で中央の白い部分がくっきり目立つ。芳香があり、タチツボスミレに似るのでこの名がある。

センボンヤリ
キク科
花期４月～５月、９月～11月
日当たりの良い山地に生える。春の花は別名のムラサキタンポポの名にふさわしく、秋、閉鎖花の花茎を何本も立てる姿はセンボンヤリの名にふさわしい。

景信茶屋

ツリガネニンジン

キキョウ科

花期８月～10月

明るい山地や草原に生える。高さ30～100㎝。青紫色で釣り鐘形の可愛いい花を下げる。フクシマシャジンなどよく似た種がある。

ミズタマソウ

アカバナ科

花期８月～９月

林下に生える。高さ20～60㎝。枝分かれした茎に小さな白い花をつける。この名は細かい毛の生えた果実を水玉に見立てたもの。

陣馬山周辺

陣馬像と富士山

陣馬山頂へは高尾山方面からの尾根道、和田峠からの道のほか、藤野町からも尾根伝いに数本の登山道がある。陣馬高原下から和田峠経由の車道は一時間ほどの車道歩きがある。道が細い上にたびたび車も通るので、あまり楽しくない。下りで使うほうが良いかもしれない。

山頂は広く草原になっていて、三六〇度の展望が楽しめる。丹沢、富士山、南アルプス、奥多摩、関東平野、都心ビル群など、どの方向もすこぶる眺めがよい。

秋にはススキやエノコログサに混じって、シラヤマギク、ノコンギク、ワレモコウ、オミナエシ、ツリガネニンジン、シシウドなどが一帯に群生して、高原の風情がたっぷりである。春にはヒゴスミレ、サクラスミレ、アカネスミレ、ニオイタチツボスミレ、などのスミレが楽しめるほか、日当たりを好む野草が豊富である。

ヒゴスミレ
スミレ科
花期４月～５月
日当たりのよい草原などに生える。エイザンスミレ（13Ｐ）によく似るが、葉の切れ込みがさらに細かい。花色は普通白だが稀に写真のように紅紫色の筋が入る。

シラカバ

サクラスミレ
スミレ科
花期４月～５月
日当たりのよい草原などに生える。花径は2.5㎝前後と大きく、色も美しく華やかなので「スミレの女王」とも呼ばれる。陣馬山方面でもわずかしか見られない。

ホソバテンナンショウ
サトイモ科
花期４月～５月
林下に生える。ミミガタテンナンショウ（96Ｐ）と違い花と葉がほぼ同時に開く。全体に細い感じで、仏炎包が緑色をしている。

シシウド

セリ科

花期８月～１０月

山の草原などに生える。高さ１～２ｍ。葉は羽状に広がり大きい。花は白い小花を多数花火のような形に咲かせて、これも大きい。シシウドは猪独活の意味という。

ギンミズヒキ

タデ科

花期８月～１０月

林のふちなどに生える。ミズヒキ（１０８Ｐ）と同じだが、花全部が白くなった物。かなり群生しているところがあったが、近頃はぐっと減ってしまった。

ガマズミ

スイカズラ科

花期５月～６月

山地に生える落葉低木。白い小花を多数集める花も美しいが、９月頃から実が赤く熟して一層目立つ。白く粉をふいた実は甘く食べられる。

ムラサキシキブ

クマツヅラ科

花期６月～７月

山地に生える落葉低木。淡紫色の花もなかなか美しいが、やはり秋に紫色に熟す実が広く親しまれる。和田峠から山頂へ登る道沿いに、先のガマズミと共に見られる。

大垂水峠から

相模湖

八王子駅発相模湖駅行きのバスを大垂水峠で降りる。ここからは三本の登山道が伸びている。そのうち高尾山方面には二本ある。バス停を降り、高尾駅方面へ少し戻ると左手に小仏城山への登山口がある。急な階段を登り、杉などが植林された道を行く。葛折りの道をしばらく行くと、幅の広い開けた道に出る。この道は防火帯も兼ねているため、数mの幅を保った草地の道である。そのため日当たりも良く、フデリンドウ、ヒメハギ、ハギ類、ワレモコウ、オミナエシなどの草地の花が咲く。

　もう一本は先ほどの登山口よりさらに高尾駅方向へ戻った、歩道橋の脇から始まる。この道は学習の歩道と呼ばれ、おおむね杉などの植林された道である。途中大平林道を経由して山頂下へ至る。咲く花はやはり林下を好む花が多い。

ヒメハギ

ヒメハギ科

花期４月～６月

明るく乾いたところに生える。高さ１０～３０㎝、花は１㎝程度とごく小さい。ハギに似て小さいので姫萩。

アマドコロ

ユリ科

花期４月～５月

山地や草原に生える。高さ３０～８０㎝。ナルコユリ（３６Ｐ）に似ているが、茎に稜があり花の形も違うので区別できる。根の形がトコロ（ヤマノイモ科）に似て、甘味もあるので名づけられた。

オオチゴユリ

ユリ科

花期５月～６月

山地に生える。全体の姿はホウチャクソウ（７１Ｐ）に似てよく枝を分けるが、花の形はチゴユリ（１７Ｐ）に似ている。また花色がやや緑がかっている。高さ３０～７０㎝と大柄。

学習の歩道

オトコエシ
オミナエシ科
花期８月～１０月
明るい山地に生える。女郎花に対して男郎花の字が充てられ、その通りオミナエシより男性的な感じがする。花色は白で、やはり独特の香りがある。

ミズヒキ
タデ科
花期８月～１０月
山地の林のふちなどに普通に見られる。高さ４０～８０㎝ほどになり、細い花穂に小花を多数つける。その花は上半分が赤、下半分が白でそれを紅白の水引にたとえた。

マルバハギ
マメ科
花期8月～10月
日当たりの良い山地に生える落葉低木。その名の通り丸い葉の脇にくっつくように花が咲く。よく枝分かれするが、枝は全く枝垂れない。

ツクシハギ
マメ科
花期8月～10月
日当たりの良い山地に生える落葉低木。丸い葉の先はくぼむことが多い。花柄は葉よりもやや長い。ガクの先が尖らないのも特徴。

道標

センブリ
リンドウ科
花期9月～11月
日当たりの良い山地に生える。白地に紫の筋が美しい。全体が淡紫色のムラサキセンブリもある。強い苦味があり、胃腸薬として古くから知られている。

南高尾

南高尾山陵

南高尾山陵は国道二〇号線を挟んで高尾山の南側に連なる山並み。大垂水峠から高尾駅近くまで連なっている。

大垂水峠のバス停で降り、高尾駅寄りにある歩道橋の脇を右に登って行く。途中大垂水林道に沿ったりしながら登って行くと、やがて最初のピークの大洞山に出る。ここからは上り下りを繰り返しながら尾根道が続く。林のなかの道だが、所々で津久井湖や城山湖を見下ろせる。中沢山、西山峠、三沢峠からは沢沿いに国道二〇号線へ下る道がある。三沢峠から下った梅ノ木平にはカタクリの群生地がある。三沢峠からは峰の薬師経由で津久井湖へ降りられるほか、草土山付近からも南側へ下るルートが何本かある。道標に従い左方向、高尾山口駅を目指すと、やがて四辻へ出る。右と直進は高尾駅方面、左へ下ると高尾山口駅前の国道二〇号線へ出る。

このコースは尾根道にはナガバノスミレサイシン、ニオイタチツボスミレ、アカネスミレなどのスミレや、クサボケ、シュ

カタクリ　梅ノ木平

ンラン、カシワバハグマ、シモバシラ、オケラ、コウヤボウキなどが見られ、沢沿いではヤマブキソウ、マルバスミレ、ヒカゲスミレ、トウゴクサバノオ、ツリフネソウなどが見られる。

訪れる人も少ないので、静かな山歩きが楽しめるコースである。

トウゴクサバノオ
キンポウゲ科
花期４月～５月
湿り気のある山地に生える。高さ10～20㎝、花径６～８㎜ほどと小さく目立たない。果実の形が鯖の尾に似て、東国に多いのでこの名が付いた。

ヤマブキソウ
ケシ科
花期４月～５月
山麓の林下に生える。高さ30～40㎝、花径は４～５㎝ほど。全体が柔らかい感じがする。南高尾ではカタクリと入れ替わるようにして咲く。花が山吹に似るので山吹草と名付けられた。

中央自動車道
JR中央本線
荒井
小仏川
駒木野
京王帝都高尾線
高尾町
蛇滝口
浅川老人ホーム
千代田稲荷
金比羅神社
三和団地
初沢山
さんじょう
エコーリフト
さんろく
たかおさん
高尾山ケーブルカー
たかおさんぐち
高尾山口
高尾霊園
蛇滝
WC
WC
きよたき
高尾自然科学博物館
琵琶滝
ミツバツツジ
ヤマツツジ
ウグイスカグラ
シュンラン
WC
稲荷山
WC
梅の木平
榎窪沢
館ヶ丘団地
拓殖大学
案内川
三角点
大平
甲州街道(国道20号)
南浅川町
カタクリ
ヤマブキソウ
関東ふれあいの道(湖のみち)
マルバスミレ
ヒカゲスミレ
トウゴクサバノオ
ツリフネソウ
ツボスミレ
草戸山
コウヤボウキ
オケラ
カシワバハグマ
クサボケ
アカネスミレ
ナガバノスミレサイシン
ニオイタチツボスミレ
城山湖
浅川峠
三沢峠
西山峠

小仏トンネル
WC
小仏
大下
卍宝珠寺
小仏峠
WC
小仏城山
東海自然歩道・関東ふれあいの道(鳥のみち・湖のみ
WC
WC
高尾山
大垂水峠
大垂水峠
千木良
シモバシラ
ミズヒキ
大洞山
関東ふれあいの道(湖のみち)
コンピラ山
中沢山
相模川
若柳
N

津久井湖

クサボケ

バラ科

花期４月～５月

日当たりの良い山地に生える落葉低木。樹木だが高さ50㎝ほどにしかならないので草木瓜。実は果実酒に利用される。別名シドミ、ジナシ。

ツボスミレ

スミレ科

花期４月～５月

やや湿り気のあるところを好む。花は１㎝前後と小さく、白色で紫の細かい筋が入る。スミレの中では比較的花期が遅い。別名ニョイスミレ。

マルバスミレ
スミレ科
花期4月～5月
山地に普通に見られるが、柔らかく崩れやすい斜面によく見かける。その名の通りの丸い葉と、やはり丸みを帯びた白い花が特徴。稀に淡紅紫色の花もある。

カシワバハグマ
キク科
花期9月～11月
林下に生える。コウヤボウキ（78P）の仲間で花の形がよく似ている。葉の形から柏葉白熊と付いたというが、柏の葉の様には見えない。

オケラ
キク科
花期9月～10月
花を囲むように魚の骨のようなもの（苞葉）があって面白い。花は白が普通だが、稀に写真のような淡紅紫色を帯びるものがある。葉は硬いが若芽は食用とされた。

峯の薬師堂　榎窪沢

ミツバツツジ

ツツジ科

花期３月～４月

山地に生える落葉低木。葉が三個輪生するので三葉ツツジ。葉が出る前に咲く紅紫色の花が美しい。緑が少ない早春の山でよく目立つ。

ヤマツツジ

ツツジ科

花期４月～５月

山地に生える低木。葉は冬にも残っている。花色は朱色が多いが、赤色、紅紫色、そしてその濃淡など変化が多い。

あとがき

高尾山を撮り始めてから、もう一〇年が過ぎた。それまで、風景写真を主として活動していた私にとって、狭くて地味な高尾山の風景や、やはり地味で小さな物が多い高尾山の花の撮影には、戸惑うことが多かった。

しかし、焦らずにひとつひとつの花や木に向き合って、じっくり撮るように心掛けていたら、少しづつではあるが、花や木が見せくれる表情が読み取れるようになっていったように思う。高尾山の自然が、私に自然の見方を教えてくれたわけである。

本書の冒頭で記したように、高尾山は小さな山ながら驚くほど奥が深い。ここで紹介した花は、高尾山の花のほんの一部にしか過ぎないし、私が撮ることのできた高尾山の自然も、豊かな高尾山の一断片に過ぎない。しかし、本書によって多くの人々に、高尾山の自然の素晴らしさを垣間見ていただくことができたら、こんなに嬉しいことはない。

ご存知のように、高尾山には圏央道のトンネルを通す計画がある。そして、麓ではその計画に基づいた工事が着々と進行中であり、高尾山に危機が迫っている。微妙なバランスの上に成り立っている高尾山の自然は、トンネルなどが出来たら、ひとたまりもなく激変してしまうことだろう。そして、そうなったらもう取り返しがつかない。本書をお読みいただいた方々には、ぜひそのことに気付いて頂きたいと思う。そして、人々に喜びと安らぎを与えてくれる高尾山が、いつまでも変わることの無いようにと切に願う。

最後になったが、これまで高尾山の自然に関するさまざまな知識や情報を与えてくださった方々と、一〇年目の節目に本書を出版する機会を与えてくださったのんぶる舎の中村氏を始め、お世話になったスタッフの方々にこの場をお借りして感謝を申し上げたい。

二〇〇〇年三月　　　　いだよう

参考文献

日本の野草	林　弥栄編
	山と溪谷社
日本の樹木	林　弥栄編
	山と溪谷社
野草大図鑑	高橋秀男監修
	北隆館
検索入門野草図鑑	長田武正・長田喜美子著
	保育社
野生ラン	橋本保・神田淳・村川博実著
	家の光協会
日本のスミレ	いがりまさし著
	山と溪谷社
高尾山花と木の図鑑	菱山忠三郎著
	主婦の友社

問い合わせ先一覧

① 東京都高尾自然科学博物館
0426－61－0305
八王子市高尾町2436

② 都立高尾ビジターセンター
0426－64－7872

③ 高尾自然動植物園（さる山）
0426－61－2381

④ 高尾森林センター（ウッディハウス愛林）
0426－63－6689
八王子市廿里町35-1

⑤ 八王子市観光協会
0426－26－3111

⑥ ＪＲ八王子駅テレフォンセンター
0426－26－1611

⑦ 京王電鉄
03－3325－2121
ホームページアドレス
http://www.keio.co.jp/

⑧ 京王電鉄バス（小仏方面）
0426－42－2241

⑨ 西東京バス（陣馬山方面）
0426－46－9041

⑩ 神奈川中央交通（大垂水峠方面）
0427－84－0661

⑪ 高尾登山電鉄（ケーブルカー、リフト）
0426－61－4151

索　引

カタカナは花名
数字はページ該当ページ

いだ　よう　プロフィール

自然写真家
1957年東京都田無市生まれ。
高尾山を始め、多摩地区や東京近県の花や自然風景の撮影をしている。
よみうり・日本テレビ文化センター八王子「フォトウォーキング」講師
著書　「多摩の花散歩」　　のんぶる舎
　　　「高尾山四季探訪」　けやき出版
ほか

高尾山・陣馬山　花ハイキング

2000年5月5日初版発行
いだ　よう　文・写真
発行者　中村　吉且
発行所　株式会社　のんぶる舎
　　　　東京都八王子市大和田町6-15-1
　　　　TEL0426-48-6031
　　　　FAX0426-48-6032
　　　　郵便振替　00170-7-369038

印刷・製本　株式会社　柴田印刷所
ISBN　4-931247-75-X　2045

多摩の花散歩

いだ よう 写真・文

多摩の花の名所60ヵ所を洒脱な文章と華麗な写真で紹介！　多摩の花歩きには欠かせない一冊！

主な見所

片倉城跡公園（ウバユリ、カタクリ）、高尾山・裏高尾（タカオスミレ・シモバシラ）、小金井公園（カンヒザクラ）、浅間山公園（ムサシノキスゲ）、神代植物公園（エビネ・ツツジ・バラ）　他

A5判139ページ　定価1500円＋税

多摩・武蔵野
花の歳時記

青木 登 写真・文

武蔵野には毎日どこかに花がある！
多摩・武蔵野に咲く四季の花を花を12ヵ月に分けて紹介。同時に花を歌った歌なども紹介。また、それぞれの花の見所を、後半部の花の地域事に分けた見所ガイドともリンクさせて、その花がどこでいつ頃咲くかも容易に分かるようにしてある。

主な見所

井の頭公園、多磨霊園、吉川英治記念館、御岳渓谷、大悲願時、広徳寺、平山城跡公園　他

A 5判167ページ　定価1800円＋税

ご注文は

のんぶる舎の本は全国の書店でお求めいただけます。店頭にない場合は、地方・小出版流通センター扱いといって書店にご注文されるか、直接当舎にご注文ください。代金後払いにて本をお送りいたします。

自費出版

小舎では自費出版等のお手伝いをしております。企画・原稿制作の段階からお手伝いいたしますので、お気軽にご相談ください。書店販売についてもご相談に応じます。

●お問い合わせは●
東京都八王子市大和田町6-15-1
TEL0426（48）6031
FAX0426（48）6032
郵便振替　00170-4-369038